科技资源
一体化配置

张远军　刘璐　黎琳◎著

INTGRATED
ALLOCATION OF
SCIENTIFIC
&
TECHNOLOGICAL
RESOURCES

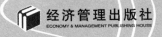

经济管理出版社
ECONOMY & MANAGEMENT PUBLISHING HOUSE

图书在版编目（CIP）数据

科技资源一体化配置/张远军，刘璐，黎琳著 . —北京：经济管理出版社，2023.8
ISBN 978-7-5096-9209-7

Ⅰ. ①科⋯　Ⅱ. ①张⋯ ②刘⋯ ③黎⋯　Ⅲ. ①科学技术—资源配置—研究—中国
Ⅳ. ①G322

中国国家版本馆 CIP 数据核字（2023）第 164438 号

组稿编辑：王光艳
责任编辑：李红贤
责任印制：黄章平
责任校对：胡莹莹

出版发行：经济管理出版社
　　　　　（北京市海淀区北蜂窝 8 号中雅大厦 A 座 11 层　100038）
网　　址：www. E-mp. com. cn
电　　话：（010）51915602
印　　刷：北京市海淀区唐家岭福利印刷厂
经　　销：新华书店
开　　本：720mm×1000mm/16
印　　张：10. 5
字　　数：178 千字
版　　次：2023 年 9 月第 1 版　　2023 年 9 月第 1 次印刷
书　　号：ISBN 978-7-5096-9209-7
定　　价：68. 00 元

前　言

　　科学技术是第一生产力，作为科技创新进步的物质基础——科技资源本无军用和民用之分，只不过人们习惯上将应用于国防科技创新领域的科技资源称为国防科技资源，将其他科技资源称为一般意义上的科技资源。本书所讲的科技资源，涵盖军用和民用两类。科技资源能否实现合理化、科学化和高效配置，直接关系到"第一生产力"发展水平和经济建设质量。因此，采取什么样的配置方式来实现科技资源的科学、合理和高效配置，是一个值得高度关注的重大理论和实践问题。

　　本书系在国家社会科学基金项目"国防科技资源分布及优化配置研究"（10BGL108）和"国防科技资源配置中政府与市场关系协调研究"（17BGL216）的基础上整理而成。在撰写过程中，综合应用了新制度经济学、新增长理论、资源配置理论、资产专用性理论、公共产品理论等理论工具，坚持定性与定量分析相结合、国内与国外相对照，沿着理论研究—效率评价—政策措施的逻辑设计，深入研究科技资源一体化配置问题。

　　首先，相关概念的科学界定是明确研究对象的重要前提，而理论工具的选择是开展问题研究的重要条件。在厘清相关概念和选定理论工具的基础上，深入剖析科技资源的科学内涵、要素构成和主要特征，为后续问题研究的开展创造条件。

　　其次，推进现代科学技术开放融合发展，构建开放融合发展的国家科技创新体系，是开展问题研究的逻辑起点，是巩固提高一体化国家战略体系和能力，实现国防建设与经济建设统筹兼顾、协调发展的战略需要。在学习借鉴世界主要国家推进科技开放融合发展的具体实践和主要经验的基础上，深入分析现代科学技术开放融合发展的逻辑必然，深入研究现代科学技术开放融合发展的科学内涵、基本特征及其内在作用机理，运用委托代理理论深入分析民口科技力量参与现代科学技术开放融合发展所存在的问题，构建相应的激励约束机制，以深入推进民口科技力量参与军事技术装备创新活动。

最后，本书提出推进现代科学技术开放融合发展的首要目标就是要建立一个开放融合发展的国家科技创新体系，为巩固提高一体化国家战略体系和能力提供可靠的技术支撑。

在推进科技资源一体化配置的过程中，不同创新主体行为策略的可能性选择有哪些？存在哪些合作难点？科技资源一体化配置效率如何？这些都是研究的难点和重点。企业是创新的主体。在总结科技资源一体化配置科学内涵及其特征的基础上，深入分析科技资源一体化配置过程中军工企业和"参军民企"的行为策略，并找出二者合作的难点。选择"参军民企"作为科技资源配置效率评价的对象，以期在某个方面来反映科技资源一体化配置效率。

推进科技资源一体化配置，不仅直接关系到我国科技创新能力、经济高质量发展，而且关系到军事科技发展水平、装备现代化水平，还关系到国防建设与经济建设统筹兼顾、协调发展，更关系到巩固提高一体化的国家战略体系和能力。本书聚焦科技资源一体化配置的宏观目标、中观目标和微观目标，提出推进科技资源一体化配置应该遵循的基本原则，并对构建一体化资源配置体系、科学设计一体化配置的动力机制、搭建一体化配置的保障平台，以及构建政府与市场的关系协调机制等政策措施提出建议。

目　录

①

绪 论

应对国际社会百年未有之大变局，科技创新是关键。党的二十大报告指出，要"巩固提高一体化国家战略体系和能力"①。巩固和提高一体化国家战略体系和能力，就是要适应中国特色社会主义新时代国家安全环境与发展环境正在发生的深刻变化，聚焦新时代新征程中国共产党的使命任务，不断"加强军地战略规划统筹、政策制度相接、资源要素共享"②，着力推进我国经济建设与国防建设深度融合发展，努力实现国家安全战略与国家发展战略的协同融合，逐步形成一个涵盖政治、经济、军事、外交、科技、文化、生态等诸多领域战略要素的国家战略体系，优化国家各类战略资源配置结构，实现国家各类战略资源要素的协同融合配置，提高战略资源配置效率，最终实现国家安全战略能力和国家发展战略能力的根本性提升，为全面建成社会主义现代化强国和实现中华民族伟大复兴提供根本保证。

现代科学技术是第一生产力，现代科学技术创新既是推进经济高质量发展和社会变革发展的重要力量，也是推动装备发展的重要动力，不仅事关国家发展与国家安全利益，更是构建一体化国家战略体系和能力的重要构成。可以说，"科技是国之利器，国家赖之以强，企业赖之以赢，人民生活赖之以好。中国要强，中国人民生活要好，必须有强大科技"③。

党的二十大报告指出，要"坚持创新在我国现代化建设全局中的核心地位"④。实施科教兴国战略，着力推进经济社会领域和国防建设领域的科技创新协同发展，不仅是实现国家安全战略与国家发展战略的战略支撑，更是巩固提高一体化国家战略体系和能力的客观要求。科技资源是科技创新的物质基础，是国家战略资源的重要组成部分，是实现经济高质量发展和国防现代化建设的重要保障。

2023年1月31日，习近平总书记在主持中共中央政治局第二次集体学习时指出，健全新型举国体制，强化国家战略科技力量，优化配置创新资源，使我国在重要科技领域成为全球领跑者，在前沿交叉领域成为开拓者，力争尽早

---

①②④　本书编写组．党的二十大报告辅导读本［M］．北京：人民出版社，2022.
③　习近平．习近平谈治国理政（第二卷）［M］．北京：外交出版社，2017：267.

成为世界主要科学中心和创新高地①。

尽早成为世界主要科学中心和创新高地，要求着力推进国家不同行业、不同领域、不同部门科技资源的一体化配置，实现现代科学技术创新领域和社会科技创新领域不同创新资源要素的良性互动、资源共享、有机耦合，实现科技资源配置结构的优化和配置效率的提升，增强我国科技创新能力及巩固提高一体化国家战略体系和能力。可以说，推进科技资源一体化配置，既是使我国在重要科技领域成为全球领跑者、在前沿交叉领域成为开拓者、力争尽早成为世界主要科学中心和创新高地的客观要求，也是转变经济发展方式、调整经济结构的战略选择，更是实现富国与强军相统一的重要基础。

1.1 研究的背景、目的和意义

1.1.1 问题的提出及研究背景

科技资源配置问题既是笔者在近二十年里一直关注与思考的学术问题，也是在教学科研工作中长期关注的学术问题。笔者基于主持的国家社会科学基金项目"国防科技资源分布及优化配置研究"（10BGL108）和"国防科技资源配置中政府与市场关系协调研究"（17BGL216）的相关研究成果，广泛征求相关专家意见，最终选定本研究。

科学技术是第一生产力，是先进生产力的集中体现和主要标志。当前，在国际社会上，科学技术日益成为推动经济社会发展的主要力量，新一轮科技革命和产业革命正在孕育兴起。尤其是在新一轮科技革命和产业变革的推动下，人工智能、量子信息、大数据、云计算、物联网等前沿科技加速应用于军事领域，国际军事竞争格局正在发生历史性变化。以信息技术为核心的军事高新技术日新月异，装备远程精确化、智能化、隐身化、无人化趋势更加明显，战争形态加速向信息化战争演变，智能化战争初现端倪，打赢未来高端战争日渐成

---

① 习近平. 加快构建新发展格局　增强发展的安全性主动权[N]. 解放军报，2023-02-02(001).

为世界主要国家关注的焦点、竞争的焦点。在信息化、智能化战争形态下，"高、精、尖、新"装备大量涌现，其科技含量越来越高，现代科技在我国国防建设中的地位和作用越来越突出。当前，全球科技创新进入空前密集活跃的时期，新一轮科技革命和产业变革正在重构全球创新版图、重塑全球经济结构。面对这种发展趋势，世界主要大国聚焦科技创新，纷纷制定和推出国家科技发展战略，集聚资源和力量，推动科技进步，以抢占科技竞争、产业竞争和军事竞争的制高点。

针对新一轮科技革命、产业革命和军事革命给我国经济发展和国家安全带来的机遇和挑战，2018年5月28日，习近平同志在中国科学院第十九次院士大会、中国工程院第十四次院士大会上的讲话中指出："科学技术从来没有像今天这样深刻影响着国家前途命运，从来没有像今天这样深刻影响着人民生活福祉。"尤其是"把关键核心技术掌握在自己手中，才能从根本上保障国家经济安全、国防安全和其他安全"①。

推进科技创新和装备现代化建设，是打赢未来高端战争和取得未来综合国力竞争优势的战略关键。先进的科学技术是装备建设发展与国防现代化建设最重要的物质技术基础和动力，尤其是关键核心技术与装备，对国防现代化建设的其他要素构成直接的制约和影响。科技资源是推动科技创新发展和装备现代化建设的物质基础和重要前提。推进科技创新和自立自强、实现装备建设的现代化，促进经济社会建设与国防建设的有机融合，必须着力推动科技资源一体化配置，实现科技资源配置规模的科学化、配置结构的合理化和配置效率的高效化。

1.1.1.1 实现科技资源一体化配置，是实施新时代科教兴国战略的内在要求

党的二十大报告明确提出，新时代新征程党的使命任务"就是团结带领全国各族人民全面建成社会主义现代化强国、实现第二个百年奋斗目标，以中国式现代化全面推进中华民族伟大复兴"②。教育、科技、人才是全面建设社会

① 习近平．在中国科学院第十九次院士大会、中国工程院第十四次院士大会上的讲话[N]．解放军报，2018-05-29(001).

② 本书编写组．党的二十大报告辅导读本[M]．北京：人民出版社，2022：21.

主义现代化国家的基础性、战略性支撑，必须坚持科技是第一生产力和核心战斗力、坚持创新在社会主义现代化建设全局中的核心地位，在新时代新征程上要坚决推进科教兴国战略和创新驱动战略，提高国防建设和经济发展的全要素生产率，实现国防建设和经济建设的高质量发展。

优化配置科技创新资源，不仅是健全完善科技创新体系的重要内容，更是新时代实施科教兴国战略的应有之义。科技创新资源是科技创新进步的物质基础，其配置结构是否科学、配置规模是否合理、配置效率是否高效，直接关系到科技创新资源的使用效率和科技创新能力的高低。然而，科技资源配置中存在的军民二元分割、管理分散、创新资源碎片化、重复投入等问题比较突出，严重影响了科技资源的优化配置。

实施科教兴国战略，迫切要求优化科技资源配置。优化国防科技资源配置，要充分发挥市场在资源配置中的决定性作用，清除影响科技创新资源配置的各种有形无形的栅栏，打破影响科技创新资源配置的各种院内院外围墙，统筹配置军用、民用两类科技创新资源要素，实施一体化配置，充分激发创新机构、创新人才、创新物力资源和财力资源等创新要素活力，形成推动科技创新发展的强大军民协同创新合力。

1.1.1.2 实现科技资源一体化配置，是推进装备创新发展的重要支撑

建设一支掌握先进装备的人民军队，是我们党孜孜以求的目标。正如恩格斯所讲："暴力的胜利是以武器的生产为基础的，而武器的生产又是以整个生产为基础。"①我们都知道，1999 年爆发的科索沃战争，南联盟军队面对以美国为首的北约(北大西洋公约组织)国家的先进装备和精确打击，束手无策，看不到对手、够不着对手，有劲无处使，这是一个民族的悲哀。历史和现实告诉我们一个道理，那就是现代化的装备，是保持一支精干灵活、掌握高科技和处于良好战备状态的军事力量的基础，是"能打仗，打胜仗"的物质保障，更是把人民军队全面建成世界一流军队的重要构成要素。

随着高新技术的迅猛发展及其在军事领域的广泛应用，许多国家都把装备的创新和发展作为其实现军队建设科学发展的重要措施，根据现代化武器装备

---

① 恩格斯．暴力论(续)[A]//中共中央编译局．马克思恩格斯文集(第 9 卷)[M]．北京：人民出版社，2009：173．

发展的新特点及新规律，积极调整和重新制定武器装备发展规划，筹划适合本国国情和军情的武器装备发展思路与对策，加强武器装备创新和建设，为促进国防建设科学发展做好物质保障。

实现科技资源一体化配置，是推进装备创新的重要源泉。它将促使在装备的设计制造中产生新思路、新技术、新方法，从而诞生新式装备。科技资源的科学组合与合理配置是推进现代科学技术创新的重要前提，而现代科学技术的创新进步，必然促进对原有装备的技术改造和更新换代。可以说，现代科学技术的进步提高了装备的精度和杀伤效果、生存能力、系统的作战能力和综合作战能力，加速了新型武器装备的研制和生产，缩短了武器装备更新换代的周期。装备创新是国防现代化的重要指标，现代科学技术创新对国防现代化的影响，往往是通过装备的创新来传递和实现的，而装备创新也就成为现代科学技术创新的标志。

1.1.1.3　实现科技资源一体化配置，是打赢未来高端战争的战略选择

科学技术不仅是第一生产力，更是现代战争的核心战斗力。打赢未来高端战争，逐渐成为世界各国关注的焦点。所谓未来高端战争，就是指利用高端装备聚焦高端领域展开的高水平军事斗争样式。战略性、颠覆性科学技术在军事领域的广泛应用，是未来高端战争形成与发展的催化剂。打赢未来高端战争，高水平的科技自立自强是保障。只有着力推进现代科技创新发展，实现基础性、战略性、颠覆性军事技术的突破，抢占科技创新制高点，才能在未来的竞争中立于不败之地。

当前，国际社会深刻认识到了科学技术的核心战斗力作用。世界大国强国纷纷把国防现代化的重点转向了高科技领域，形成了以高技术质量建设为主要标志的竞争新态势。美国、俄罗斯、英国、法国等国家，都把争取技术优势、抢占技术制高点、加速装备高技术化作为提高装备作战效能、实现国防和军队现代化的战略选择。同时，各军事大国及发展中国家普遍把应对未来高端战争作为现代科学技术创新与装备建设的首要目标。

在国防现代化建设中，必须充分认识到科技资源的战略价值，把推进现代科学技术创新发展放在推进中国特色国防建设中更加突出的战略地位，千方百计地实现我国现代科学技术自主创新能力的根本性提升。当前，我国的现代国

防科学技术发展水平与西方发达国家有较大的差距，还不适应未来高端战争的要求，也无法为国防现代化提供足够的技术保障。因此，抓住有利时机，既要充分利用集聚在国防科技工业企业及相关科研院所的传统科技资源，也要最大限度地挖掘利用地方高校、国有企业、民营企业及其科研院所的具有现代科学技术创新潜力的科技资源，进行一体化配置，这不仅关系到我国现代科学技术创新和武器装备建设战略方针的落实，更关系到科技兴军和全面建成世界一流军队的战略部署。

1.1.1.4 实现科技资源一体化配置，是战略性新兴产业自身发展的内在要求

科学技术既是装备发展的基础，也是经济社会发展的重要支撑。当前，我国正处于经济社会发展的战略转型期，工业化、城镇化加速发展，面临着日趋紧迫的人口、资源、环境压力，现有发展方式的局限性、经济结构状况以及资源环境矛盾也越来越突出。因此，要到 21 世纪中叶基本实现现代化的宏伟目标，必须保持经济社会可持续发展，深入贯彻落实科学发展观，科学把握世界新科技革命和产业革命的历史机遇，加快培育发展物质资源消耗少、环境友好的战略性新兴产业①。

发展战略性新兴产业，科技创新是关键。战略性新兴产业是指建立在重大前沿科技突破的基础上，代表未来科技和产业发展新方向，体现当今世界知识经济、循环经济、低碳经济发展潮流，目前尚处于成长初期、未来发展潜力巨大，对经济社会具有全局带动和重大引领作用的产业。战略性新兴产业是新兴科技与新兴产业深度融合的结晶，科学技术是战略性新兴产业的核心要素。谁能以高新技术为基础，以战略性新兴产业为载体，谁就能够真正掌握全球生产要素和资源的流向以及全球经济产出的流向，并能参与产品标准和世界商务规则的制定，从而整合全球的资源为己所用，成为全球化利益的主要获得者②。同时，战略性新兴产业大多是高新技术产业，这些技术的军用和民用关联度非

常高。例如，航空航天是特别明显地兼具军用和民用的战略性新兴产业。20世纪垄断国际航空市场的波音707飞机，其90%的技术是由军用飞机技术转移而来的。

1.1.1.5 实现科技资源一体化配置，是推进科技创新和战略性新兴产业发展的必然要求

科技资源是推进现代科学技术持续进步和不断创新发展的基础，也是我国经济发展、国防和军队现代化建设的动力和源泉。当前，由于缺乏积极有效的促进科技资源流动与重组的机制，相当一部分科技资源固化于既定的研究学科中，一些与战略性新兴产业的发展和装备现代化建设不相适应、无新技术新理论支撑、无发展前景或发展潜力小的学科的科技资源长期处于低效、闲置状态，无法发挥其应有的效益；相反，相当一批能够服务于战略性新兴产业发展和装备现代化建设需要、不断产生新技术新理论、发展前景广阔的优势学科因缺少必需的科技资源而得不到较快的发展。因此，实施科技资源重组，促进科技资源的合理流动和优化组合，推进全社会科技资源的一体化配置，最大限度地发挥科技资源的重组和整合效应，是实现科技创新亟须解决的问题。

1.1.1.6 实现科技资源一体化配置，是转变经济发展方式的现实需要

目前，我国经济社会发展和国防现代化建设正处于向稳定增长转变的关键时期，伴随着生产要素成本上升、资源环境约束强化和国际竞争格局新变化，加快经济发展方式转变是推进我国经济社会发展和国防现代化建设的唯一途径。因此，《中华人民共和国国民经济和社会发展第十二个五年规划纲要》强调，以加快转变经济发展方式为主线，是推动科学发展的必由之路，是我国经济社会领域的一场深刻变革，是综合性、系统性、战略性的转变，必须贯穿于经济社会发展的全过程和各领域，在发展中促转变，在转变中谋发展。

科技创新是转变经济发展方式的中心环节，是提升国家核心竞争力的重要动力。但是，当前我国科技原始创新能力仍然比较薄弱，自主创新能力尚不能够完全满足国家经济社会发展的需求，科技自主创新链条不完善，基础和应用研究向产业化转化的机制和动力不足，产业共性技术研发支撑能力薄弱，科技创新成果及其转化能力远远跟不上产业发展的步伐，科技与经济社会发展的结合仍然亟待加强①。

　　作为资源的重要组成部分，科技资源不仅是现代科学技术发展的物质基础，而且是推进科技创新进步的重要支撑。2013 年 11 月 5 日，习近平总书记在《深入贯彻落实党在新形势下的强军目标，加快建设具有我军特色的世界一流大学》中强调："随着科学技术不断发展，多学科专业交叉群集、多领域技术融合集成的特征日益凸显，靠单打独斗很难有大的作为，必须紧紧依靠团队力量集智攻关。要加强自主创新新团队建设，搞好科研力量和资源整合，健全同高校、科研院所、企业、政府的协同创新机制，最大限度发挥各方面优势，形成推进科技创新整体合力。"②推进现代科学技术创新，需要坚持相互开放、资源共享、协同创新和融合发展的发展方向，整合和优化配置科技资源，充分利用国内一流的科技力量（包括民口的科研院所、高技术企业和知名大学），尤其是大力推进民口单位参加国防科学技术发展的创新工作，特别在材料、信息、生物等前沿基础研究领域，传感器、元器件等基础产品，以及材料、基础元件等军工配套产品的研制生产中，更好地发挥高等院校和民口科研机构的科技优势，将科技资源纳入市场体系，将民用技术、民间资本积极引入国防建设，既能利用经济社会发展成果为国防建设服务，又能借助市场在资源配置中的灵活性、竞争性、激励性等特点，推进全社会科技资源的一体化配置，实现科技资源的优化配置和合理利用。

1.1.1.7　实现科技资源一体化配置，是现代科学技术开放融合发展的客观需要

　　2018 年 3 月 12 日，习近平在出席十三届全国人大一次会议解放军和武警部队代表团全体会议时强调，要加强国防科技创新，加快建设军民融合创新体系，大力提高国防科技自主创新能力，加大先进科技成果转化运用力度，推动我军建设向质量效能型和科技密集型转变。

　　现代科学技术不仅是第一生产力，更是未来高端战争的核心战斗力。在中国特色社会主义新时代，以人工智能、量子信息、移动通信、物联网、区块链

①　潘云鹤. 以科技创新支撑加快转变经济发展方式［N］. 科技日报，2011-08-03（001）.
②　中共中央文献研究室. 习近平关于科技创新论述摘编［M］. 北京：中央文献出版社，2016：59-60.

为代表的新一代信息技术加速突破应用，且正在全方位、多层次渗透于现代科学技术创新与武器装备发展领域，对世界各国国防建设产生了巨大冲击，正在催生新的军事理论、军事思想和作战模式，日渐成为影响甚至是决定能否打赢未来高端战争的关键环节。

面对新时代我国面临的复杂多变的安全与发展环境，必须坚持科教兴国和可持续发展战略，依靠科技优势尽快提高我国的综合国力，把经济建设搞上去，把国防建设搞上去。

开放融合发展是当代科技、经济和军事发展的主要趋势，推进现代科学技术开放融合发展是统筹国防建设与经济建设的战略选择。推进现代科学技术开放融合发展，就是要通过军用科技资源向国民经济各个领域的扩散布局以及民用科技资源向军用科技资源的有效转化，实现军用、民用两大领域科技资源的协同融合配置，促进军用技术与民用技术的相互辐射、嫁接、转化，实现军用科技与民用科技的有机耦合，确保国防建设从国家科技发展中获得更加深厚的技术支撑和发展后劲，经济建设也能够从现代科学技术创新中获得更加有力的安全保障和技术支持。

1.1.1.8 实现科技资源一体化配置，是巩固提高一体化国家战略体系和能力的战略需要

国家战略是为了维护国家安全利益与国家发展利益，科学发展、高效配置与有效运用政治、经济、军事、外交、科技、文化、生态等各类资源要素，努力塑造实现国家目标和国家利益所需要的安全环境和发展环境的国家总体谋划。

党的二十大报告指出，要巩固提高一体化国家战略体系和能力。巩固提高一体化的国家战略体系和能力，迫切要求我们适应中国特色社会主义新时代国家安全环境与发展环境正在发生的深刻变化，聚焦建设社会主义现代化强国和实现中华民族伟大复兴的中国梦，不断推进我国经济建设与国防建设的深度融合发展，实现国家安全战略与国家发展战略一体化融合，形成一个涵盖政治、经济、军事、外交、科技、文化、生态等各类资源要素的国家战略体系，优化国家各类战略资源配置结构，实现军用和民用各类战略资源要素的一体化配置，提高战略资源配置效率，最终实现国家安全战略能力和国家发展战略能力

的根本性提升。

推动科技资源一体化配置，构建开放融合发展的国家科技创新体系，是巩固提高一体化国家战略体系和能力的现实需要。当前，国际社会百年未有之大变局加速发展，大国竞争日趋激烈。科技创新是大国竞争的战略制高点，世界主要大国强国纷纷加大科技投入、优化科技资源配置结构，着力发展战略性、前沿性、颠覆性科技，以抢占新一轮科技革命、产业革命和军事革命的领先优势。但是，我国科技创新发展的军民二元分离依然不同程度地存在，国防建设与经济建设统筹协调不足，导致有限的科技创新资源依旧存在军民分割、部门分割、行业分割等问题，科技资源在国防建设领域的科技创新和经济建设领域的科技创新还无法实现无障碍的相互转化，军民科技创新主体协同合作创新还存在一定的困难，这在一定程度上影响着国家科技资源的整合配置，进而影响一体化国家战略体系的巩固与能力的提高。

1.1.2 研究目的

推动现代科学技术创新与发展日渐成为世界主要国家维护国家安全、促进经济社会发展的重要战略指向。现代科学技术创新能力与装备建设发展水平的高低，在很大程度上反映了一个国家的安全程度与国际地位。这就要求我们必须树立现代科学技术是核心战斗力的思想，着力优化科技资源配置，充分利用军用和民用两类科技资源，增强我国现代科学技术创新能力与装备建设发展能力。2018 年 5 月 28 日，习近平总书记在中国科学院第十九次院士大会、中国工程院第十四次院士大会上的讲话中指出："实践反复告诉我们，关键核心技术是要不来、买不来、讨不来的。只有把关键核心技术掌握在自己手中，才能从根本上保障国家经济安全、国防安全和其他安全。"全面建成世界一流军队，实现装备现代化，要求我们必须牢牢抓住现代科学技术自主创新这个"牛鼻子"，把推动现代科学技术自主创新看作装备现代化和践行科技强国战略的第一推动力。增强现代科学技术自主创新能力，不仅是实现装备现代化的必由之路，更是全面实现中华民族伟大复兴的中国梦的重要战略安排。

进入中国特色社会主义新时代，世界求和平、谋发展、促合作的时代潮流虽然不可逆转，但也要看到，国际竞争的"丛林法则"并没有改变，铸剑为犁仍然是人们的一个美好愿望。世界主要国家追逐新军事革命的浪潮，不断加快军事变革，以抢占军事战略制高点，争夺国际军事竞争新优势。

正在发展变化的国际军事竞争和国际科技竞争局面，对我国国防和军队现代化建设提出了更为迫切的新任务、新要求和新挑战，增强现代科学技术创新能力、提高武器装备现代化水平成为当务之急。推进现代科学技术开放融合发展是增强现代科学技术创新能力、提高装备现代化水平的重要战略抓手。针对现代科学技术开放融合发展存在的科技资源相互转化渠道还不够通畅、自主创新意识还不够强、不同部门体制障碍和樊篱还未完全消除等问题，我们必须牢固树立"全国一盘棋"思想，始终秉持科学技术是核心战斗力的理念，学习借鉴世界主要国家科技资源配置的有益经验，聚焦全面建设社会主义现代化国家使命任务，不断运用新思维、新方法，推动科技资源一体化配置，实现科技资源相互之间的无障碍流动与配置，提高科技资源配置效率，推进现代科学技术开放融合发展，切实增强我国现代科学技术创新能力和提高装备现代化程度，为建设社会主义现代化强国和实现中华民族伟大复兴的中国梦提供坚实有力的保障。

1.1.3 研究意义

在资源有限的情况下如何实现资源的合理配置是现代经济学研究的永恒主题。科技资源作为现代科学技术创新与装备建设发展的物质技术基础，其配置结构、配置效率不仅关系到我国现代科学技术创新和装备建设发展，还关系到我国现代科学技术工业的转型升级和军队现代化建设的质量，更关系到全面建成世界一流军队和实现中华民族伟大复兴的中国梦的国家战略目标。研究这一问题，推进科技资源一体化配置，实现科技资源相互之间的无障碍流动与合理高效配置，对于推进现代科学技术开放融合发展，构建开放融合发展的现代科学技术创新体系，切实增强现代科学技术创新能力和装备建设现代化发展能力，全面建成世界一流军队和实现中华民族伟大复兴的中国梦，无疑具有重大的理论意义和实践意义。

1.1.3.1 理论意义

（1）本书对科技资源一体化配置问题的研究，将会使学术界在科技兴军战略研究、现代科学技术一体化发展研究、科技资源配置研究等相关问题上的认识有所拓展和深化。同时，将相关研究成果综合应用到科技资源一体化配置问题的分析框架中，必将为学术界更好地理解和研究这一问题提供一个比较新颖的思路和视角。

（2）本书坚持以马克思主义理论和党的一系列创新理论为指导，紧扣研究主题，运用新制度经济学、新增长理论、资源配置理论、资源配置效率理论、公共产品理论等现代经济学理论工具，科学界定现代科学技术开放融合发展、科技资源配置以及科技资源一体化配置的科学内涵、基本特征，探讨科技资源一体化配置的基本原则、主要特点和具体要求，初步构建科技资源一体化配置的分析框架，为有关科技资源配置问题研究提供理论上的点滴补充。

（3）本书着眼于开放融合发展的战略需要，基于推进现代科学技术开放融合发展和实现科技兴国的战略诉求，聚焦建立开放融合发展的国家科技创新体系的发展目标，坚持需求牵引、国家主导，充分发挥市场在科技资源配置中的决定性作用，努力推进科技资源一体化配置，从而破除"大炮和黄油"之争的两难困境，实现科技资源的无障碍流动与一体化配置，形成开放融合发展的国家科技创新发展战略体系和科技创新发展战略能力，为巩固提高一体化国家战略体系和能力提供可靠支撑。

1.1.3.2 实践意义

（1）实现科技资源一体化配置，是推进现代科学技术开放融合发展，构建开放融合发展的国家科技创新体系的重要前提。科学技术是现代战争的核心战斗力。现代科学技术创新能力的高低，不仅决定着装备现代化水平的高低，更影响着甚至决定着全面建成世界一流军队战略目标能否成功实现。推进现代科学技术创新，需要牢牢扭住现代科学技术自主创新这一战略基点，把现代科学技术创新体系嵌入国家科技创新体系中，大力推进现代科学技术开放融合发展，畅通科技资源相互之间转化渠道，实现科技资源的一体化配置，不断增强现代科学技术创新能力。

加快建设开放融合发展的现代科技创新体系，推进科学技术开放融合发展，关键是畅通科技资源在军用与民用两大领域之间的流通渠道，实现科技资源一体化配置。

当前，世界新一轮科技革命、产业革命、军事革命风起云涌，现代科学技术创新从内容到形式、从节奏到时速、从机理到载体呈现新势态，有着更具整体性、联动性、超越性的显著特征，更加注重机制化、体系化推进成为必然选择①。构建现代科学技术创新体系，就是要克服制约现代科学技术开放融合发展存在的各种体制性障碍、结构性矛盾和政策性问题，逐步破解军民分割的樊篱，实现科技资源一体化配置，搞好国家科研力量和国家科技资源整合，形成推进现代科学技术创新整体合力，推进国家科技创新体系与现代科学技术创新体系的深度融合，形成"1+1>2"的整体效应，有效推进现代科学技术进步与创新，努力在前瞻性、战略性军事技术创新领域占有一席之地，为全面建成世界一流军队提供强大的物质技术支撑。

（2）实现科技资源一体化配置，是巩固提高一体化国家战略体系和能力的应有之义。巩固提高一体化国家战略体系和能力，就是要着眼当今世界正在经历的百年未有之大变局，深刻把握复杂严峻的国家安全环境与国家发展环境，面对维护国家主权、安全、发展利益的迫切要求，不断推进我国经济建设与国防建设深度融合发展，实现国家安全战略与国家发展战略一体化融合。

实施现代科技开放融合发展战略是巩固提高一体化国家战略体系和能力的必然选择，也是实现党在新时代的强军目标的必然选择。2017年3月12日，习近平在十二届全国人大五次会议解放军代表团全体会议时强调，立足经济社会发展和科技进步的深厚土壤，顺势而为、乘势而上，深入实施军民融合发展战略，开展军民协同创新，推动军民科技基础要素融合，加快建立军民融合创新体系。推进现代科学技术开放融合发展，构建开放融合发展的现代科技创新体系，就是要坚决拆壁垒、破坚冰、去门槛，破除制度樊篱和利益羁绊，把现代科学技术创新体系嵌入国家科技创新体系，合二为一，融为一体，充分释放军民两类科技资源要素的创新活力，形成推进现代科学技术创新发展的强大合力。

（3）实现科技资源一体化配置，是打赢未来高端战争的战略需要。2017年7月19日，习近平在新调整组建的军事科学院、国防大学、国防科技

---

① 邓一非.加速构建军民一体化科技创新体系[N].中国国防报，2018-08-02(003).

大学成立大会暨军队院校、科研机构、训练机构主要领导座谈会上指出："科技是现代战争的核心战斗力。"习近平强军思想充分揭示了科技与战争的内在逻辑关系，进一步彰显了科技在现代战争中的核心地位与关键作用，深刻揭示了当前世界新军事革命和中国特色军事变革的基本规律，充分反映了现代战争的制胜机理。从某种意义上来说，人类社会发展史几乎就是一部绵延数千年的战争史，也是一部利用科学技术的进步发明更先进装备的历史。

打赢未来高端战争，作为核心战斗力的现代科学技术创新是关键。战争实践证明：谁拥有了科技优势，谁就能掌握军事主动、赢得制胜先机；谁忽视了科技进步，谁就会陷入落后挨打的被动局面。当前，在信息化智能化战争形态下，现代科学技术创新与装备研制活动，涉及的学科、专业、部门和领域日趋复杂，单纯依赖传统的现代科学技术创新主体已无法有效满足国防和军队现代化对现代科学技术创新与装备发展的战略需求，这就需要军民两大领域的不同创新主体自觉围绕现代科学技术创新与装备建设发展需求，实现国家不同行业、不同领域和不同部门之间诸如科技人力资源、科技财力资源、科技物力资源和科技信息资源等科学技术创新资源要素一体化配置，推动现代科学技术创新与装备建设研制能力的根本性提升，为打赢未来高端战争提供核心战斗力支撑。

1.2 国内外研究现状

作为现代科学技术创新与装备建设发展的"第一资源"，科技资源不仅是现代科学技术创新与装备现代化建设的物质技术基础，更是经济社会发展进步和科技创新发展的战略支撑。因此，如何实现科技资源的最优配置就成为国内外学术界、政府部门以及军事部门关注的重要课题。国内外学术界围绕科技资源配置和一体化发展问题展开了深入探讨，并取得了较为丰硕的理论研究成果。

1.2.1 国外研究现状

1.2.1.1 资源配置问题

国外关于资源配置问题的研究历史悠久，成果丰硕。古典经济学第一次提出资源配置的概念时，认为市场是实现资源最优配置的唯一手段。现代经济学之父亚当·斯密(Adam Smith)认为，在自由经济体系中存在着一只"看不见的手"(市场)，指引着追逐利益的各类组织或个人趋向经济和谐①。瓦尔拉斯(Walras)认为，在一个完全均衡的市场体系中，资源配置是能够自动达到一种最佳状态的②。维尔弗雷多·帕累托(V. Pareto)运用序数效用推导出完全竞争市场的均衡状态，认为当经济运行有效时，如果不试图降低至少一个人的满足水平，那么就无法提高其他任何一个人的满足水平③。李特尔(Little)将上述研究结论称为"帕累托最优"，认为帕累托最优状态必定是有效的资源配置，也就是说，当社会状态发生变化时，能够在增加至少一个人的福利的情况下没有减少其他任何一个人的福利，那么，这种变化就是社会希望看到的④。库普曼(Koopmans)总结梳理了关于资源配置研究的各类成果，认为在技术和消费者偏好既定的情况下，怎样选择合理的配置方式，把有限的经济资源有效地分配到各种产品的生产中，以最大限度地满足各类消费者的需求，是资源配置有效理论研究的重点⑤。

除了以上学者关注"看不见的手"，不少经济学家重视"看得见的手"(政府)在配置资源中的作用。由于垄断、外部性、道德风险等一系列问题(市场失灵)在市场配置资源过程中开始显现出来，经济学家开始研究如何充分发挥"看得见的手"在资源配置中的作用。约翰·梅纳德·凯恩斯(J. M. Keynes)深入分析了20世纪30年代资本主义世界经济危机之后呈现出来的一系列经济问

① Adam Smith. An Inquiry into the Nature and Causes of the Wealth on Nation[M]. New York：Oxford University Press，1776.

② L. Walras. Elements of Pure Economics [M]. London：Allen and Unwin Press，1954.

③ 转引自：[法]莱昂·瓦尔拉斯. 纯粹经济学要义[M]. 蔡受百，译. 上海：商务印书馆，1987.

④ 转引自：许葳. 试论福利经济学的发展轨迹与演变[J]. 国际经贸探索，2009(12)：28-31.

⑤ T. C. Koopmans. Three Essays on the State of Economic Science[M]. New York：McGraw-Hill Book Company，1957.

题，认为在自由放任的市场经济条件下，通过利率把储蓄转化为投资和借助于工资的变化来调节劳动供求的自发市场调节机制，并不能自动地创造出实现社会充分就业所需要的那种有效需求水平，反而导致社会就业水平总是处于非充分就业的均衡状态。他认为，要想实现社会劳动力的充分就业，就必须实现政府对经济运行的全面干预，积极运用财政和货币等政策工具引导资源配置结构的调整变迁，以确保经济发展能够满足有效需求①。1977 年，约翰·肯尼斯·加尔布雷思（John Kenneth Galbraith）认为，如果要形成可靠的经济稳定性和经济效率，实现社会公平的不断扩大，需要政府采取干预市场的政策措施，以有力应付或解决存在的市场不确定性、微观经济无效率和社会不公等各类问题②。查尔斯·沃尔夫（C. Wolf）总结了资源配置理论研究中关于市场和政府的争执，比较研究了市场和政府在资源配置中的作用，客观分析了市场失灵和政府失灵现象③。

1.2.1.2 国防资源配置问题研究

国外学术界关于科技资源配置问题的研究，大多是在传统资源配置问题研究之上的拓展，而且从所查阅的资料来看，国外学术界多集中于一般性的工业资源配置、科技资源配置或国防资源配置问题研究，专门研究科技资源配置问题的还不多。

希奇和麦基恩认为，一个国家把现在和未来可用的经济资源总量配置到国防建设领域与经济建设领域的比例结构以及配置资源的利用效率，是决定一个国家安全与发展的重要问题④。索普认为，在军事竞争中，哪个国家能够经济、高效地运用所拥有的军事资源和经济资源，而且能够充分运用那些成本低、性能好的装备，这个国家就能获得最后胜利⑤。盖文·肯尼迪认为，国防资源的配置问题，实际上是一个国际联盟的责任分担问题。他提出了"防务公

① 转引自：Nikolaus Piper. Die Grossen Ökonomen Zeit-Bibliothek Der Öko-nomie[M]. Schaffer-Poeschel Verlag, 1996：135—140.
② 查尔斯·沃尔夫. 市场还是政府：市场、政府失灵真相[M]. 重庆：重庆出版社，2009.
③ 转引自：查尔斯·沃尔夫. 市场还是政府：市场、政府失灵真相[M]. 重庆：重庆出版社，2009：3.
④ 查尔斯·J. 希奇，罗兰·N. 麦基恩. 核时代的国防经济学[M]. 中译本. 北京：北京理工大学出版社，2007.
⑤ 索普. 理论后勤学[M]. 北京：解放军出版社，1986：3.

益论",认为防务产品是公共产品,具有鲜明的外部性,并提出了如何在一个国际联盟中实现国防资源最佳配置的标准①。

基斯·哈里特认为,基于资源的有限性约束,一个国家在国防建设与经济建设中配置资源,不可避免地陷入"大炮和黄油"的冲突困境,也就是说,如果一个国家的军事支出较多,那么民用商品和劳务的牺牲或萎缩就是不得不付出的代价②。莫里斯认为,通过裁军引导资源由国防建设领域流向经济社会建设领域,或通过扩军引导资源由经济社会建设领域流向国防建设领域,进而实现资源在国防建设和经济建设领域内的配置结构的动态调整,以提高资源配置效率③。雅科·S. 甘斯勒认为,在21世纪,人们日趋关注如何打破那些导致国防和商业运营相隔离的法律和管制障碍,而且开始允许和鼓励军民两用产业发展,允许和鼓励民用工业企业参与军品科研生产活动④。

1.2.1.3 一体化问题研究

一体化问题又称军民一体化问题,在西方国家政界、军界乃至学术界均受到普遍关注和广泛研究,并取得了较为丰硕的理论研究成果和实践运用经验。

在理论研究上,不少西方学者对军民一体化,尤其是国防工业军民一体化问题展开了深入研究。例如,雅科·S. 甘斯勒1988年发表的《防务技术与民用技术之间的关系》一文中写道,军事经济与民用经济相互隔离,对军事经济和民用经济的发展是没有好处的,需要政府想办法去消除两者之间的樊篱,推动军事经济与民用经济的一体化发展⑤。1994年9月,美国国会在《军民一体化潜力评估》报告中指出,军民一体化就是将国防工业基础和更大的民用工业基础融合为一个统一的国家工业基础的过程⑥。同时,德国经济学家沃尔弗(Wolff)认为,军民一体化不仅包括一个国家资源投入的转变、科学研究与试

① 转引自:库桂生. 国防经济学说史[M]. 北京:国防大学出版社,1998:244-245.
② 转引自:陈炳福. 国防支出经济学[M]. 北京:经济科学出版社,2003:6-9.
③ 转引自:库桂生. 国防经济学说史[M]. 北京:国防大学出版社,1998:291-293.
④ 雅科·S. 甘斯勒. 21世纪的国防工业[M]. 北京:国防工业出版社,2013:96.
⑤ 叶卫平. 关于建立国防科技工业寓军于民新体制问题的初步认识[C]. 北京:中国民用工业企业技术与产品参与国防建设研讨会论文集,2004(3):83-88.
⑥ 卢周来. 中国国防经济学:2004[M]. 北京:经济科学出版社,2005:167-182.

验发展(R&D)战略的调整,更包括基础设施建设的军民兼顾问题①。在国防工业全球化问题上,里奇(Leech)认为随着国际安全环境的变化以及世界各国国防开支的削减,国防工业要实现军民一体化发展,必须摆脱传统发展路径的束缚,注重国防工业的市场化、全球化发展②。

在实践运用上,美国是军民一体化的倡导者和践行者。20世纪90年代初,随着冷战的结束和国际安全环境的根本性变化,传统的军民分割制度不仅影响着现代科学技术领域与民用科学技术领域之间的相互交流与合作,还严重影响美国现代科学技术的进步与创新。同时,由于苏联解体和东欧剧变,美国进入战略对手迷茫期,国防预算支出逐年下降,导致有限的国防经费与掌控军事优势、维护国家绝对安全的不相适应。同时,随着恐怖主义等非传统安全威胁的上升,要求破除军民分割的现代科学技术工业基础,采取发展军民两用技术的策略,鼓励军用技术转民用和先进民用技术为军服务,推进现代科学技术创新发展的军民一体化。例如,美国政府颁布了《国防部国内技术转让条例》为军民两用技术发展保驾护航。美国政府还先后通过设立国防部"技术转移办公室"、涵盖不同部门的"国防技术转轨委员会"等机构,协调推进现代科学技术创新与国防工业发展的军民一体化,一方面极大地增强了美国国防工业基础创新能力和竞争能力;另一方面有效地推动了社会科技资源进入武器装备科研生产领域,大量民用领域的高新科技成果转移应用于军事领域,提高了美国军事实力。

1.2.2 国内研究现状

科技资源是实现现代科学技术进步创新与装备建设发展的"第一资源"。世界各国都高度重视现代科学技术创新进步与装备现代化建设,把优化科技资源配置结构、调整科技资源配置方式和提高科技资源配置效率作为推进现代科学技术创新进步和装备现代化建设的重要内容。国内学术界更是围绕国家安全

---

① 转引自:张颖南.军工企业军民一体化的动因及形成机理研究[D].哈尔滨:哈尔滨工业大学,2010:6.

② D. P. Leech. Conservation, Intergration and Foreign Dependency: Prelude to a New Economic Security Strategy[J]. Geojournal, 1993, 31(2): 193-206.

与发展对国家现代科学技术创新进步和装备现代化建设的重大战略需求，对现代科学技术融合协同创新发展，尤其是对科技资源配置问题展开广泛深入研究，并取得了比较丰硕的成果。

1.2.2.1 科技资源配置问题研究

作为科技创新发展的第一资源，目前学术界关于科技资源分布与优化配置的研究成果比较多。

在科技资源的概念界定上，杨子江认为，科技资源是科技活动的主要条件，是科学研究和技术创新生产要素集合的基础，主要包括科技财力资源、科技人力资源、科技物力资源和科技知识信息资源等，具有分布上的差异性、系统上的协调性、运动中的规律性、运营中的高增值性以及使用、影响的长期性等特点[1]。师萍和李垣对科技资源体系的内涵进行了分析，提出了制度因素是科技资源体系重要组成部分的论断，给出了科技资源体系的组成和各部分之间内在联系的模型[2]。

在科技资源配置基本理论的研究上，周寄中对科技资源配置基本理论和世界各国科技资源配置方式展开了深入研究，在分析我国科技资源配置存在问题的基础上，提出了优化我国科技资源配置的措施和建议[3]。丁厚德认为，科技资源配置是科技决策的核心，优化科技资源配置需要在规模、结构、运行方式上进行改革和完善[4]。

在科技资源的配置方式、配置效率的研究上，刘伶俐提出效率是科技资源配置理论研究的出发点和落脚点[5]。李龙一提出，政府在科技资源配置的多元主体中占据主导地位，政府主导科技资源配置的手段应是制定政策、法规和规划[6]。马勇和高延龙认为，政府应从体制、政策、制度和管理等方面采取有效

---

① 杨子江．科技资源内涵与外延探讨[J]．科技管理研究，2007(2)：213-216.

② 师萍，李垣．科技资源体系内涵与制度因素[J]．中国软科学，2000(11)：55-56, 120.

③ 周寄中．科技资源论[M]．西安：陕西人民教育出版社，1999.

④ 丁厚德．科技资源配置的战略地位[J]．哈尔滨工业大学学报(社会科学版)，2001, 3(1)：35-41.

⑤ 刘伶俐．科技资源配置理论与配置效率研究[D]．长春：吉林大学，2007.

⑥ 李龙一．科技资源配置的模式研究[J]．科技导报，2003(12)：16-19.

措施，遏制科技资源的流失，使有限的科技资源实现效用最大化①。汪涛和李石柱强调，政府要通过制定计划、政策和法规来支持 R&D 活动和技术创新活动②。

1.2.2.2　国防科技资源配置问题研究

目前，国内多数学者都是从整体上研究国防（军事）资源配置问题，关于国防科技资源配置问题的研究成果还不太丰富。

郭中侯和孙兆斌认为，所有国防建设问题的核心就是如何配置资源的问题，国防（军事）资源的合理配置是实现国防和军队建设目标的重要方式③。谷德斌从整体上研究了国防工业资源配置问题，认为国防工业资源配置成效的好坏将会影响国家的现代科学技术创新能力和装备科研生产能力，直接关系到国家安全利益与发展利益，因此必须把国防工业资源配置问题置于事关国家安全与发展的战略高度④。

然而，大部分学者仅仅是在研究国防（军事）资源配置或国防工业资源配置时部分涉及国防工业的科技资源配置问题，只有少数学者关注并直接研究科技资源配置问题。朱庆林等认为，裁军对国防领域的科技资源配置提出了"增、精、攻、转"的要求，即增加国防科研经费，加大国防科研机构的精简力度，攻克军事领域的关键技术，加速推进现代科学技术创新成果转化为实际战斗力，从而实现科技资源配置结构的优化和配置效率的提高⑤。侯光明提出，建立和完善军民结合、寓军于民的装备科研生产体系，必须充分发挥市场在资源配置中的基础性作用，高度重视政府在资源配置中的宏观调控作用，有效整合军民科技资源，促进科技资源一体化配置，实现国防工业的军民融合式发展⑥。张颖南和姜振寰阐述了影响军工企业资源配置效率的因素，用模型对

①　马勇，高延龙. 科技资源使用效率研究[J]. 东北师大学报（哲学社会科学版），2002（3）：24-28.

②　汪涛，李石柱. 国际化背景下政府主导科技资源配置的主要方式分析[J]. 中国科技论坛，2002（4）：64-66.

③　郭中侯，孙兆斌. 基于协调发展视角的国防资源配置研究[M]. 北京：人民出版社，2013：3.

④　谷德斌. 国防科技工业资源配置模式下主导性产业选择与发展研究[D]. 哈尔滨：哈尔滨工程大学，2010：103-104.

⑤　朱庆林，等. 中国裁军与国防资源配置研究[M]. 北京：军事科学出版社，1999：131-180.

⑥　侯光明. 国防科技工业军民融合发展研究[M]. 北京：科学出版社，2009：425.

资源配置的经济空间尺度和技术空间尺度进行了数理分析，并探讨了系统成员和企业管理层在资源共享过程中的作用，提出了建立军工企业军民资源共享机制和实现资源共享的途径①。张薇和夏恩君从基础理论研究、应用技术研究和软科学研究三个角度分别构建了评价指标体系，运用数据包络分析方法建立数学模型，对我国现代科学技术创新资源配置的有效性进行分析与评价，为我国现代科学技术领域合理地利用创新资源、制定创新政策提供了科学依据②。

当然，还有学者从全球化视角研究国防科技资源配置问题。例如，纪建强认为，由于涉及国家安全，科技资源配置总是倾向于自给自足的发展模式，一般不鼓励或反对外来国家的进入。但随着经济全球化的深入发展，各国经济技术联系比以往任何时期都更为紧密，也强迫式地将科技资源配置纳入全球化的洪流中③。

1.2.2.3 现代科学技术开放融合发展问题研究

目前，国内学术界关于现代科学技开放融合发展的理论研究更多是从融合协同的视角出发，问题研究比较深入，取得的研究成果也比较多。

（1）开放融合发展基本理论研究。闻晓歌从新制度经济学的制度变迁视角对"军民分离"到"军民结合"再到"军民融合"的演变过程进行研究，分析了"军民融合"制度变迁的特征，总结了"军民融合"制度变迁的规律④。

（2）世界主要国家推进现代科技开放融合发展的基本经验研究。赵澄谋等以美国、日本、俄罗斯、以色列为例，分析了世界典型国家推进军民融合做法的四种模式⑤。张慧军等指出，冷战结束后，发展两用技术，形成军民一体化国家工业基础的理论，逐步成为世界主要国家现代科学技术政策和国防转轨的核心⑥。王加栋深入研究了美国航空工业在促进军民融合发展的体制、政策，

---

① 转引自：张颖南，姜振寰. 军工企业军民资源配置尺度与共享体系研究[J]. 军事经济研究，2010(2)：27-30。

② 张薇，夏恩君. 国防科技创新资源配置有效性研究[J]. 商业现代化，2008(15)：26.

③ 纪建强. 国防科技资源全球化配置研究[J]. 中国国情国力，2013(5)：41-43.

④ 闻晓歌. "军民融合"制度变迁研究[J]. 军事经济研究，2008(9)：27-30.

⑤ 赵澄谋，姬鹏宏，刘洁，等. 世界典型国家推进军民融合的主要做法分析[J]. 科学学与科学技术管理，2005(10)：26-31.

⑥ 张慧军，刘洁，赵澄谋. 浅析各大国的军民一体化之路[J]. 现代军事，2005(7)：37-40.

寓军于民的做法，军工技术转民用及军民互动政策①。

（3）军民开放融合科技创新体系研究。游光荣指出，建设军民协同发展的我国国家创新体系是实现国防建设和经济建设协调发展的根本途径②。王慧岚认为，建立军民协同发展的国家创新体系，实质上是在全国范围内实现多种资源的优化组合，更加有效地为国防和军队现代化服务，为武器装备现代化服务③。贺新闻和侯光明对现代科学技术创新的军民协同发展特性进行了分析、阐述，并基于军民协同发展构建了四个现代科学技术创新组织分系统，提出了以军事需求为导向、以前沿科技为动力、科研计划与市场竞争相结合的现代科学技术创新组织协调机制④。

（4）国防科技工业军民协同发展问题研究。平洋认为，军民协同发展推动我国国防工业的科技创新模式从"封闭"走向"开放"，推动了国防工业的现代科学技术创新与武器装备科研生产模式的变革，促进了以策略联盟、技术转让、委托外包等为主要形式的军民协同发展式国防科研生产体系的形成，实现了科技资源配置优化，提升了我国国防工业在现代科学技术进步与武器装备发展领域的自主创新能力⑤。孙鑫婧等认为，现代科学技术产业走军民协同发展之路是满足国防建设和经济建设双重任务要求的根本举措，提出了树立互利共赢理念、健全领导体制、构建技术资源共享平台、统一军民信息标准和优化运行机制等对策⑥。

1.2.2.4 军民协同发展问题研究

国内学术界早期更多关注的是军民协同发展问题，也就是国防科技工业建设发展的军民协同发展问题，例如 20 世纪 80 年代的军转民问题和党的十八大之前的民参军问题。党的十九大以来，国内学术界更多是站在构建一体化的国

① 王加栋. 美国航空工业军民融合发展战略及其对我国的启示[J]. 全国商情（经济理论研究），2008（17）：31-33.

② 游光荣. 加快建设军民融合的国家创新体系[J]. 科学学与科学技术管理，2005（11）：5-12.

③ 王慧岚. 构建军民融合的国家创新体系[N]. 科技日报，2009-10-20（006）.

④ 贺新闻，侯光明. 基于军民融合的国防科技创新组织系统的构建[J]. 中国软科学，2009（S1）：332-337.

⑤ 平洋. 国防科技工业开放式创新科研模式研究：基于军民融合视角[J]. 科技进步与对策，2013（2）：102-107.

⑥ 孙鑫婧，李东，韩政. 推进国防科技建设军民融合深度发展[J]. 国防科技，2016（3）：10-13.

家战略体系和能力的角度，关注和研究军民协同发展问题，并且取得了较为丰硕的研究成果。

军民协同发展基本理论研究。何永波认为，作为国家战略层面的政策取向和工作方针，军民结合、寓军于民、军民融合、军民一体化四个术语的相同点都是追求军民资源最大限度的共享，促进经济建设和国防建设协调发展；区别是所处的角度不同，需要在一定的条件下推行，是国家在经济建设与国防建设不同发展阶段的产物，是由低级向高级的发展形式和实现途径。其中，军民一体化主要是站在彻底改变军民分割的运行模式的角度，从经济以及产业发展上强调国家要建立统一的工业基础，兼顾军品和民品两个市场[①]。严剑峰和刘韵琦从产业技术的共通性、技术外溢性、产业基础共同性、市场互补性、规模经济和范围经济、垄断与竞争、比较优势和分工理论、交易成本与资产专用性等多个方面讨论了军民一体化的经济学基础[②]。

军工企业军民协同发展问题研究。张颖南和姜振寰认为，军民一体化模式是军工企业整合资源、降低成本、提升企业效益及产品竞争力的有效途径。军工企业应充分利用军用高技术优势实现技术转移，通过专业化分工方式提高资源利用率，并以合理的政策法规和管理体制做支持[③]。朱昕晨深入分析了航天企业集团某工厂军民一体化发展的优势与不足，运用军民一体化发展理论的研究成果与实践经验，结合军民一体化发展的战略目标，提出了军民一体化发展模式的改进方案，促进航天企业向现代企业发展，提高航天技术的使用率，促进航天企业和国计民生的发展[④]。

现代科学技术开放融合发展问题研究。马振龙认为，军事技术从一开始就是和民用技术齐头并进、协调发展的，后来由于战争的频繁发生，特别是冷战时期的军备竞赛，导致军事技术单方面的快速飞跃式发展。进入 21 世纪，各国都开始关注军事技术的军民一体化发展道路，我国也提出走军民结合、寓军

---

① 何永波. 军民结合、寓军于民、军民融合、军民一体化区别与联系[J]. 中国科技术语，2013，15(6)：29-32.

② 严剑峰，刘韵琦. 军民一体化的经济学基础及其实现途径[J]. 军民两用技术与产品，2019(8)：14-20.

③ 张颖南，姜振寰. 军工企业实行军民一体化模式的因素关系分析[J]. 兵工学报，2009(S1)：25-30.

④ 朱昕晨. 航天制造型企业军民一体化发展研究[D]. 哈尔滨：哈尔滨工业大学，2016.

于民的军民一体化发展道路①。葛永智和侯光明认为，为了实现发展国民经济与国防建设双赢，中国国防制定了军民一体化发展战略，并且分为军转民和发展军民两用技术先后两个阶段②。成卓认为，当前构建军民协同发展创新体系应以改革创新为主线，健全统筹协调的领导机制，做好顶层设计，重塑微观基础，打造高质量创新平台和鼓励新型合作组织，不断完善促进军民一体化发展的制度环境③。温新民和左金凤认为，军民一体化发展和现代科学技术创新体系具有高度一致性，其中，军民一体化发展是从不割断军民技术间联系、进行军民协作与军民整体推进角度，提出和落实一种提高创新效率、提高国防建设成效的方法、程序和模式的，而国防技术创新体系强调技术联系、协作与整体推进④。陈军辉和陶帅认为，深入推进军民一体化发展，构建一体化国家战略体系和能力，迫切需要构建军民协同发展科技创新体系，解决制约国防和军队建设的体制性障碍和结构性矛盾，不断提高科技创新对人民军队建设和战斗力发展的贡献率⑤。

装备维修保障军民协同发展问题研究。国内学术界关于装备保障军民一体化的研究成果相对较多，其中，王凯等按照装备保障建设的客观要求，深入研究了军地协调共管、企业准入退出、合同保障、平战结合等一体化装备保障运行机制，强调要统筹和整合军地装备保障资源，加强军民一体化装备保障建设⑥。中央党校第 54 期总装分部班课题组指出，装备维修保障体系军民一体化是装备维修保障体制改革的重要方向⑦。

世界主要国家军民一体化发展研究。石奇义和李景浩认为，美国基于"利用民用经济中发生的高新技术爆炸来实现现代科学技术的跨越式发展"的战略

---

① 马振龙. 军事技术军民一体化发展的必然选择[J]. 科技信息，2009(18)：115.

② 葛永智，侯光明. 中国国防科技政策与军民一体化[J]. 国防科技，2009(1)：34-37.

③ 成卓. 我国军民一体化创新体系概念、演进和举措研究：基于政策文本的量化分析[J]. 军民两用技术与产品，2019(6)：30-34.

④ 温新民，左金凤. 军民一体化基础上的国防技术创新体系建设[J]. 科学学与科学技术管理，2007(S1)：74-77.

⑤ 陈军辉，陶帅. 加速构建军民一体化科技创新体系[N]. 解放军报，2018-08-10(011).

⑥ 王凯，肖杰，闫耀东，等. 军民一体化装备保障运行机制研究[J]. 装备指挥技术学院学报，2010(2)：34-37.

⑦ 中央党校第54期总装分部班课题组. 装备维修保障体系军民一体化建设若干问题研究[J]. 装备指挥技术学院学报，2011(1)：6-9.

目标，通过制定法规、实施高科技计划、设立开发机构、消除技术壁垒、培育创新主体五个方面的措施，推进军民一体化的快速形成，以确保美国在21世纪的绝对军事优势①。王淑平和张军认为，美国、日本、俄罗斯、英国、德国等世界主要国家在推进军民一体化的过程中，以国家资源的优化配置和有效利用为基本出发点，以经济社会发展体系为基本依托，以军事需求牵引和市场化运作的结合为基本路径，以统一军民技术标准为技术基础，以建立健全法规体系为基本保障②。杜人淮认为，美国为推进现代科学技术工业军民一体化发展，采取了一系列政策措施，包括确立军民一体化发展的三步策略，调整和优化现代科学技术工业结构，倡导改革传统国防采办方式，重视发挥政府的鼓励和引导作用，采用有效的军民一体化转轨模式③。

通过深入梳理和分析文献后发现，目前国内外学术界关于科技资源配置、国防资源配置的研究成果比较多。但同时也能看到，关于国防科技资源配置的专题研究还比较少，更不用谈从现代科学技术开放融合创新发展的视角研究国防科技资源配置方式的选择问题。这种情况既不利于国防科技资源配置结构的优化和配置效率的提升，也不利于现代科学技术开放融合发展，形成开放融合发展的科技创新体系，更不利于巩固提高一体化的国家战略体系与能力。总之，对于科技资源配置问题的研究，无论是在理论层面还是在实践层面，都还存在需要继续深化、持续改进的地方。

1.3　本书的主要内容

第1章为绪论。主要介绍了本书的选题背景、研究目的和研究意义；深入分析国内外学术界关于该问题的相关研究成果；确定该问题研究的基本架构和主要内容；科学选择问题研究的理论工具和研究方法，预设问题研究的创新之处。

---

① 石奇义，李景浩. 美国推进军民一体化的主要措施[J]. 国防技术基础，2007(5)：38-40.
② 王淑平，张军. 发达国家推进军民一体化建设的主要经验[J]. 军事经济研究，2008(2)：79-80.
③ 杜人淮. 美国防科技工业军民一体化的政策选择[J]. 军事经济研究，2002(11)：66-69.

第2章是科技资源一体化配置的研究基础。科技资源作为现代科学技术创新与装备建设发展的"第一资源",其配置结构的好坏、配置效率的高低,不仅直接决定着一国现代科学技术创新能力和装备建设现代化程度,还会影响一个国家科技创新能力和经济社会发展质量。因此,基于资源的稀缺性,如何破解科技资源配置中"大炮和黄油"的困境,努力推进科技资源一体化配置,实现现代科学技术开放融合发展,构建涵盖军民开放融合发展的现代科学技术创新体系,成为当前世界各国探讨和思考的理论命题。本章在学习和借鉴学术界相关研究成果的基础上,对本书涉及的相关概念予以界定,为开展后续问题研究创造条件。同时,深入分析和详尽介绍了研究涉及的新制度经济学、新经济增长理论、资源配置理论、资源配置效率理论、公共产品理论等理论工具,深入研究了科技资源的主要分类、要素构成和主要特点。

第3章是推进现代科学技术开放融合发展。推进现代科学技术开放融合发展,构建开放融合发展的现代科学技术创新体系,是本书研究的逻辑起点。本章在学习和借鉴世界主要国家现代科学技术军民开放融合发展的具体实践和主要经验的基础上,深入分析了现代科学技术军民开放融合发展的必然逻辑;在科学研究现代科学技术军民开放融合发展的科学内涵、基本特征及其内在作用机理后,运用委托代理理论深入分析民口科技力量参与现代科学技术军民开放融合发展所存在的问题,构建相应的激励约束机制以深入推进民口科技力量参与军事技术装备创新活动;指出推进现代科学技术军民开放融合发展的首要目标就是要建立开放融合发展的现代科学技术创新体系,为巩固提高一体化国家战略体系和能力提供可靠的技术支撑。

第4章是科技资源一体化配置的行为策略与效率评价。在科技资源一体化配置的过程中,由于涉及军队、军工和民口三大创新系统的不同创新主体,结构复杂、价值选择和利益诉求存在某种冲突,不同创新主体行为策略的可能性选择有哪些?存在哪些合作难点?一体化配置效率如何?这些都是研究的难点和重点。本章首先深入分析科技资源一体化配置的科学内涵及其主要特征,在此基础上,由于企业是创新的主体,因此以军工企业和"参军"民用工业企业作为研究对象,深入分析一体化配置科技资源过程中各自的行为策略,并找出二者合作的难点。由于科技资源一体化配置涉及多个创新主体、各类创新要素,尤其是涉及保密问题,因此军队创新资源要素数据获取难度大,要想整体上分析科技资源一体化配置效率是非常不容易的。笔者在《国防工业科技资源配置及优化》一书中以航空航天工业部门为例,深入分析了军民融合背景下国防工业科技资源的配置效率。因此,本书将以"参军民企"为研究对象,分析其科技资源配置效率,以期从侧面反映科技资源一体化配置效率。

第 5 章是推进科技资源一体化配置的政策措施。科技资源一体化配置是推进现代科学技术军民开放融合发展和构建开放融合发展的现代科学技术创新体系的内在要求,不仅直接关系到现代科学技术创新能力、装备建设现代化水平和军队战斗力生成质量,还关系到国防建设与经济建设统筹兼顾、协调发展,更关系到巩固提高一体化国家战略体系和能力。如何有效推进科技资源一体化配置呢?基于前文的相关分析研究,本章在深入分析科技资源一体化配置的宏观目标、中观目标和微观目标的基础上,提出了推进科技资源一体化配置应该遵循的基本原则,并提出了构建一体化资源配置体系、科学设计一体化配置的动力机制、搭建一体化配置的保障平台以及构建政府与市场的关系协调机制等政策措施。

1.4 研究方法与创新之处

1.4.1 研究方法

本书涉及的研究方法如下。

一是社会调查方法。科技资源一体化配置是一个较为复杂的系统工程,涉及军队、军工和民口三大创新系统内数以万计的创新主体和规模宏大的创新资源要素。通过到工业和信息化部、国家统计局、科技部、军委科技委等部门咨询,奔赴北京、陕西、四川、重庆等军工科技力量集聚地和民企参军重镇——深圳进行深入细致的实地调研,获取了大量翔实的素材。此外,还采用调查问卷、座谈等方式了解了我国科技资源一体化配置取得的成效及存在的各种问题。

二是案例分析方法。科技资源一体化配置涉及创新主体多元、创新要素复杂，因此需要选择合适的视角、恰当的方法来深入研究不同创新主体在科技资源一体化配置过程中可能的行为策略选择。由于企业是创新的主体，因此选择军工企业和"参军民企"来考察各自的行为策略，并找出影响各自行为选择的难点。效率评价也是如此。由于笔者曾经就国防工业科技资源配置效率进行过评价研究，而军队创新资源由于数据获取难度大，其资源配置效率暂时没有深入研究，因此本书以"参军民企"为研究对象，分析其科技资源配置效率，希望能够在某种程度上反映出科技资源一体化配置效率状况。

三是统计和计量的分析方法。本书运用计量经济学、管理学的理论工具，利用 DEA 模型测算了 87 家承制军品的民营企业 Malmquist 指数及其分解情况，对承制军品的民营企业科技资源配置效率进行了评价分析，最终得出分析结论并给出相应的优化建议。

1.4.2 创新之处

一是问题提出的视角创新。科学技术和科技创新能力是一体化国家战略体系和能力的战略要素之一。本书从巩固提高一体化国家战略体系和能力的战略需求出发，着眼于推进国防建设与经济建设统筹兼顾、协调发展，提出科技资源一体化配置问题，以期推进现代科技开放融合发展，形成军民协同发展的现代科学技术创新体系，为巩固提高一体化国家战略体系和能力提供技术支撑。

二是研究角度的选择恰当。科技资源一体化配置涉及军队、军工和民口三大创新系统，创新主体多元、资源要素复杂，影响因素和主要矛盾很多。这给该问题的研究，尤其是行为策略选择和效率评价带来一定难度。本书在复杂多元的创新主体中选择"参军民企"作为问题研究的突破口，对军工企业和"参军民企"在科技资源一体化配置中行为策略进行分析，并对 87 家"参军民企"的科技资源配置效率进行评价，以期为科技资源一体化配置效率评价提供一定的参照。

三是问题研究的新发现。本书认为，科技资源一体化配置，是现代科学技术开放融合发展和构建开放融合发展的现代科学技术创新体系的内在要求，更是巩固提高一体化国家战略体系和能力的战略需要。同时，本书认为推进科技资源一体化配置，存在着"政府主导与市场决定""多元竞争与安全约束""个人利益、集体利益与国家利益"的矛盾，并主要受到制度法律因素、利益冲突因素、社会文化因素和安全保密因素的影响。

四是提出问题解决新思路。聚焦科技资源一体化配置的宏观目标、中观目标和微观目标，提出推进科技资源一体化配置应该遵循的军事优先、统筹兼顾、科学高效和协调发展四项基本原则，应该采取构建一体化资源配置体系、科学设计一体化配置的动力机制、搭建一体化配置的保障平台以及构建政府与市场的关系协调机制等政策措施。

②

科技资源一体化配置的研究基础

科技资源是科技创新进步的物质基础，是社会生产力发展的"第一资源"。在既定生产力发展条件下，相对于经济发展和国防建设对科技创新的需求而言，一个国家的科技资源总是有限的，而且科技资源配置结构的好坏、配置效率的高低，不仅直接决定着一个国家的科技创新水平、生产力发展程度和经济建设质量，更是直接决定着国防科技创新能力、武器装备发展水平和军队现代化建设质量。也就是说，科技资源配置直接影响甚至决定着一个国家、民族的安全与发展。

因此，基于资源的稀缺性约束，如何破解科技资源配置中"大炮和黄油"的困境，提高科技资源配置效率和科技创新能力，是世界各主要国家普遍关注的战略课题。由于科技资源配置事关国家安全与发展，事关经济建设与国防建设，世界主要国家普遍采取科技资源一体化配置方式，实现现代科学技术的开放融合发展，构建开放融合发展的国家科技创新体系，为维护国家主权、安全和发展利益提供切实可靠的科技创新支撑。

2.1　相关概念界定

相关概念的科学界定是明确研究对象和科学研究的重要前提。科技资源一体化配置研究，涉及诸如科学技术与国防科学技术、科技资源与国防科技资源、科技资源配置与国防科技资源配置、科技资源一体化配置等概念，而且有些概念尚需给予明确界定，以利于研究的顺利开展。

2.1.1　科学技术与国防科学技术

2.1.1.1　科学技术

科学技术是第一生产力。马克思指出："生产力的这种发展，归根到底总是来源于发挥着作用的劳动的社会性质，来源于社会内部分工，来源于智力劳动特别是自然科学的发展。"[①]那么，什么是科学技术呢？科学技术是科学和技

---

① 中共中央编译局．马克思恩格斯全集(第25卷)[M]．北京：人民出版社，1965：97．

术的统称，是人类在征服自然、改造自然的过程中积累起来，并在生产劳动过程中表现出来的反映自然规律的经验和知识。学者关于科学的概念有着不同认知，例如，邹丕盛认为，科学是人类对客观世界的认识，是反映客观事实和规律的知识；是反映客观事实和规律的知识体系；是一项反映客观事实和规律的知识体系相关活动的事业①。那么技术是什么呢？邹丕盛认为技术是"自然知识在生产过程中所积累起来的经验、方法、工艺和能力的总和"②。《辞海》（第六版）中写道，科学是"运用范畴、定理、定律等思维形式反映现实世界各种现象的本质和规律的知识体系"③。《辞海》（第六版）将技术解释为"泛指根据生产实践经验和自然科学原理而发展成的各种工艺操作方法与技能"④。随着现代工业社会向信息社会的转变，科学与技术日益密切，技术离不开科学的指导，科学发展也离不开技术的进步。可以说，随着现代科学技术的发展，科学与技术已经成为一个统一的有机体。

2.1.1.2　国防科学技术

国防科学技术是装备发展的基础，也是经济社会发展的重要支撑。然而，对于国防科学技术，从联合国有关机构到世界诸国，都没有一个标准化、规范化的界定，因此也就没有一个为国内外学术界所接受的严格定义。随着国防科学技术的发展，不同国家不同学者从不同的角度试图给予国防科学技术一个相对准确的界定。《辞海》（第六版）对这一概念的定义是："直接为国防服务的各类科学技术的总称。是构成国家军事实力的重要因素，是衡量国防现代化水平的显著标志。主要包括武器装备的研究、设计、制造、试验（含模拟训练和使用等）和国防设施或军事设施的设计建造等方面的科学技术。"⑤《中国人民解放军军语》认为，国防科学技术是"直接为国防服务的科学技术。它的发展状况，直接关系到国防建设的现代化程度"。⑥ 从以上关于国防科学技术的定义出发，本书研究认为，国防科学技术就是指支撑国防和军队现代建设的科学技术的总

①② 邹丕盛.现代科学技术与军事[M].北京：国防工业出版社，1998：1.

③ 辞海（第六版）[M].上海：辞书出版社，2010：1026.

④ 辞海（第六版）[M].上海：辞书出版社，2010：854.

⑤ 辞海（第六版）[M].上海：辞书出版社，2010：661.

⑥ 全军军事术语管理委员会和军事科学院.中国人民解放军军语[M].北京：军事科学出版社，2012.

称，主要包括"以国防为目的的各种基础科学技术和利用各种科技成果进行装备研制的应用开发技术，以及武装部队掌握使用和管理装备系统的实际能力"①。国防科学技术是战斗力生成的技术基础，是军事实力的重要构成，是一个国家国防建设和经济社会发展的重要保障。

由上述对科学技术与国防科学技术定义的分析可知，科学技术本质意义上是没有军民之分的，国防科学技术只不过是科学技术在国防建设领域的应用而已。军用科学技术与民用科学技术的划分，只是人们根据科学技术在国防建设领域和经济社会发展领域的不同运用，在主观上进行的划分。

2.1.2 科技资源与国防科技资源

2.1.2.1 科技资源

什么是科技资源？科技资源有哪些要素？具有哪些特征？这是本书研究必然涉及的问题。正如对于科学技术的科学内涵有着不同的理解一样，学术界关于科技资源的认知也存在分歧。有的学者从科技资源的作用出发，认为科技资源是科技活动的主要条件，是从事科学研究和技术创新的生产要素的集合②。有的学者从可持续发展的角度将科技资源定义为"能直接或间接推动科学技术进步，从而促进经济可持续发展的一切资源，包括一般意义上的劳动力、专门从事科学研究的人员、资金、科学技术存量、信息、环境等"③。有的学者将科技资源定义为"科技活动的基础，能直接或间接推动科技进步进而促进经济和社会发展的一切资源要素的集合"④。还有学者从系统工程的角度分析，认为科技资源是科技人力资源、科技财力资源、科技物力资源、科技信息资源及科技组织资源等要素相互作用而构成的系统⑤。本书研究认为，科技资源是作用于科学研究与技术创新活动过程中的一切人力资源、财力资源和物力资源要素的集成，是科技创新与发展的物质基础。

由科技资源概念的不同界定可知，科技资源的内涵理解不同，科技资源的

---

① 李宗植，等. 国防科技动员教程[M]. 哈尔滨：哈尔滨工程大学出版社，2009：3.
② 杨子江. 科技资源的内涵与外延探讨[J]. 科技管理研究，2007(2)：213-216.
③ 孙宝凤，李建华. 基于可持续发展的科技资源配置研究[J]. 社会科学战线，2001(5)：36-39.
④ 刘伶俐. 科技资源配置理论与配置效率研究[D]. 长春：吉林大学，2007.
⑤ 周寄中. 科技资源论[M]. 西安：陕西人民出版社，1999：43.

要素构成也不尽相同。有的学者认为，科技资源主要包括人力资源、财力资源、物力资源、信息资源及组织资源等多个要素，也有的学者认为科技资源的主要构成要素就是人力资源、财力资源、物力资源三个要素。结合相关文献对科技资源的概念界定和分类，本书研究认为，科技创新活动主要是科技人力资源、科技财力资源和科技物力资源的有效融合过程，因此科技人力资源、科技财力资源和科技物力资源构成科技资源的核心要素。科技人力资源要素是指直接从事科学技术研究与开发活动的科技人员或为科学技术研究与开发提供有效服务的人员，主要分布于高等院校、科研机构、企业、政府或军队；科技财力资源要素，是指从事科学技术研究与开发活动所需要的经费投入，其主要来源于政府财政拨款、企业自筹经费、金融部门贷款、科研机构自筹经费等，主要投向科技研究与开发、应用与服务等；科技物力资源要素是指从事科学技术研究与开发活动所需要的科研设施、设备、仪器仪表，各类科学技术研究开发机构、高等院校、企业的技术开发中心、中试基地以及科技服务机构等。

2.1.2.2 国防科技资源

国防科技资源是科技资源的重要内容，是指应用于国防科技创新和武器装备科研生产的各类科技资源要素的统称，主要包括国防科技人力资源、国防科技财力资源、国防科技物力资源、国防科技信息资源、国防科技组织资源等，主要分布于军队、军工企业、军工院校和军工科研院所等传统国防科研生产部门；在军民融合式发展进程中，具有承担军品科研生产任务能力的民用工业企业、社会科研机构和地方高校，也蕴藏着大量可以用于国防科技创新与装备科研生产的潜在的(国防)科技资源。

国防科技资源有广义和狭义之分。狭义的国防科技资源是指一个国家在一定时期内实际应用于国防科技创新和武器装备科研生产活动的科技资源，目前主要集中于军队军工企业、军工院校和军工科研院所，其中国防工业领域的军工企业、军工科研院所和军工院校是国防科技资源的主要集聚领域。广义的国防科技资源是指正在应用于或可能应用于国防科技创新和武器装备科研生产活动，但尚未实际进入国防科技创新和装备科研生产领域的科技资源，既包括军队、军工企业、军工院校和军工科研院所拥有的科技资源，也包括地方高校、民用工业企业和科研机构拥有的一切具有从事国防科技创新和武器装备科研生产潜力的科技资源。

由上述科学资源与国防科技资源定义的分析可知，科技资源本质上也是没有军民之分的，只不过是应用领域不一样而已，应用于一般科技创新领域的人、财、物等资源要素称为科技资源，也就是一般意义上的科技资源；应用于国防科技创新与军品科研生产领域的科技资源，是特殊意义上的科技资源，被称为国防科技资源，是科技资源的重要组成部分。本书所讲的科技资源，就是指应用于国防科技创新领域和军品科研生产领域的科技资源，即国防科技资源，这是本书研究的对象，只不过在行文中回归一般意义上的称呼而已，统一称为科技资源。

2.1.3 资源配置、科技资源配置与国防科技资源配置

2.1.3.1 资源配置

稀缺性是资源的经济学本质，资源配置是经济学研究的永恒主题。资源配置，又被称为资源分配。《现代经济词典》认为，资源分配（配置）是指资源在不同用途和不同使用者之间的分配。古典经济学家首次提出资源配置的概念。1776 年，亚当·斯密在《国民财富的性质和原因的研究》（《国富论》）中认为，在自由竞争经济的条件下，天然地存在着一种调节机制（市场）来引导稀缺资源趋向配置合理化。新古典经济学则认为，实现资源配置合理化，完全竞争性市场环境是前提条件，并为此做了诸如"经济人"的人格假设、"理性选择"的行为假设和"市场完全性"的环境假设，力图证明市场能够通过一系列价格和市场行为引导实现稀缺资源的合理高效配置。

2.1.3.2 科技资源配置

作为社会生产力发展的"第一资源"，科技资源和一般社会生产资源一样，也是有限的。因此，科技资源的稀缺性就要求通过一定的方式把有限的科技资源合理分配到科技创新活动的各个领域、各个环节中，以实现科技资源的最佳利用，发展科学技术这个"第一生产力"。科技资源配置是指在科学技术研究与开发中，各类科技资源在不同科技活动主体、领域、过程、空间、时间上的

分配和使用①，主要包括配置主体、配置规模、配置结构、配置方式与配置效率等内容。

2.1.3.3 国防科技资源配置

国防科技资源作为科技资源的重要内容，和一般科技资源一样具有稀缺性特征。因此，国防科技资源配置与科技资源配置一样，是指站在国家安全与发展的战略高度，基于国防建设与经济发展对国防科技创新与武器装备发展的需求，在国防科学技术研究与开发过程中，在武器装备研制生产活动中，国防科技人力资源、国防科技财力资源和国防科技物力资源在不同的科技活动主体、领域、过程、空间、时间上的合理分配与有效使用，以最大限度地发挥国防科技资源的整体合力与综合效益。

2.1.4 一体化、军民协同发展

2.1.4.1 一体化

一体化(integration)又称综合化，其性质就是创发的进化论者所说的"emergent whole"或者"integrated whole"(通过部分的结合所出现的全部新的性质)。其最初被应用于生态学领域，如克列门茨(F. E. Clements)等生态学家经常使用种群一体化和群落一体化等，后延伸应用于政治类、经济类文章的应用写作中。

在经济领域，所谓"一体化"，往往是指统一的经济组织，就是把若干分散企业联合起来，组成一个统一的经济组织。这种统一的经济也可以是联合公司或企业集团。在政治领域，所谓"一体化"，是指多个原来相互独立的主权实体通过某种方式逐步在同一体系下彼此包容、相互合作。一体化过程既涉及国家间经济，也涉及政治、法律和文化，或整个社会的融合，是政治、经济、法律、社会、文化全面互动的过程。由于一体化涉及主权实体间的相互融合，并最终成为一个在世界上具有主体资格的单一实体，因而它不同于一般意义上

---

① 丁厚德. 科技资源配置的战略地位[J]. 哈尔滨工业大学学报(社会科学版), 2001, 3(1): 35-41.

的国家间合作，涉及的也不仅仅是一般的国家间政治或经济关系①。

2.1.4.2 军民协同发展

目前学术界对于军民协同发展的概念界定还未达成共识，不同的学者从不同的角度出发会给予军民一体化不同的认知界定。国内学术界在研究军民协同发展问题时，多是学习借鉴 1994 年美国国会技术评价局给予的概念界定，认为军民协同发展就是通过推动国防科技工业基础与民用工业基础相互间的开放合作、协同发展，最终形成一个相互兼容、相互开放、相互协同、相互促进的统一的国家工业基础的过程，并视此为军民协同发展的权威界定。国内多数学者以此概念界定为逻辑起点，聚焦国防科技工业来研究军民一体化问题。

后来，很多学者将军民融合与军民协同发展结合在一起，围绕军工企业军民协同发展、装备保障军民协同发展、科技创新军民协同发展等核心问题展开深入研究并取得了一定的成果，进而对军民协同发展的概念认知有了进一步深化。例如，陈永龙和李福生基于装备保障的视角认为，军民一体化就是以经济社会发展体系为基本依托，以军地双方装备保障资源的优化配置与合理利用为基本出发点，以最大限度地发挥军地双方装备保障资源优势、装备保障能力为目的，充分利用现代技术成果，对军地两个装备保障系统进行要素整合与机制优化，逐步形成紧密衔接、优势互补、灵活高效的军民协同发展的装备保障运行体系②。在军民融合深度发展的战略背景下，国内有学者将军民协同发展定义为"军事经济和民用经济之间、国防科技工业企业与民用企业之间按照生产要素的通用性和经济运行的内在机制而建立的相互渗透、相互融合的组织机构及各种制度的统称"③。

本书研究认为，在中国特色社会主义新时代，一体化主要是指军与民的协同发展和一体化建设问题，也就是说，基于巩固提高一体化战略体系和能力的战略需要，在国防建设与经济建设统筹协调发展的大框架下，将国防工业基础与民用工业基础统一于一个国家工业基础，国防科技创新体系与民用科技创新

---

① 百度百科. 一体化［EB/OL］. https：//baike. baidu. com/item/%E4%B8%80%E4%BD%93%E5%8C%96/912013？ fr=aladdin.

② 陈永龙，李福生. 军民一体化装备保障建设研究［J］. 装备学院学报，2012（2）：37-40.

③ 钟荻，谭虹. 国防工业转型与"军民一体化"［J］. 军事经济学院学报，2004（11）：95-96.

体系统一于一个开放融合发展的国家科技创新体系，军品市场和民品市场统一于一个统一、开放、竞争的国家市场体系，统筹整合政治、经济、军事、科技、文化、外交等各类战略资源要素，充分释放各要素活力，实现国防建设与经济建设统筹兼顾、协调发展的过程。

2.1.5 开放融合发展的科技创新体系和科技资源一体化配置

2.1.5.1 开放融合发展的科技创新体系

科学技术是第一生产力，更是现代战争的核心战斗力。2017年3月，习近平主席在十二届全国人大五次会议解放军代表团全体会议上强调，开展军民协同创新，推动军民科技基础要素融合，加快建立军民融合创新体系。党的二十大报告指出："坚持创新在我国现代化建设全局中的核心地位。"科技创新是实现经济高质量发展和实现建军一百年奋斗目标的第一动力。只有把创新驱动发展战略和构建一体化国家战略体系与能力有机结合起来，加快建设开放融合发展的科技创新体系，统筹军民科技资源，实施军民协同创新，才能开创国防建设与经济建设深度融合发展新局面，开创国防和军队现代化建设新局面。

开放融合发展的科技创新体系是巩固提高一体化国家战略体系和能力的重要内容。国内学者对此问题展开了深入研究与探讨，并从不同的角度给予开放融合发展的科技创新体系概念界定，但更多学者是从军民一体的视角来分析的。例如，成卓从系统论的视角出发，认为军民一体化创新体系主要是指在军用和民用科技产业创新系统之间构建起一个双向开放、协调发展的系统，形成以强军富民为战略导向的一体化创新系统①。谭清美和王子龙从军民两用技术发展的视角出发，认为军民科技创新体系主要是指在军民两用技术领域内，科学创新与技术创新的整合所构成的创新系统，是由军民两用技术创新全过程有关的组织、机构和实现条件所组成的一个具有开放特性的创新体系②。

本书研究认为，开放融合发展的科技创新体系的本质含义是军民两大科技

---

① 成卓. 我国军民一体化创新体系概念、演进和举措研究：基于政策文本的量化分析[J]. 军民两用技术与产品，2019(06)：30-34.

② 谭清美，王子龙. 军民科技创新系统融合方式研究[M]. 科学出版社，2008：161.

创新领域相互开放、融合发展的科技创新体系，是指基于科学技术是第一生产力更是现代战争核心战斗力的科学理念，着眼构建一体化国家战略体系和能力的需要，必须打破军民分割樊篱，统筹协调军民两大创新领域内的企业、科研院所、高等院校、创新辅助力量等不同创新主体，不断破解各类科技资源要素在军民两大创新领域之间自由组合的体制障碍和利益束缚，把国防科技创新体系嵌入国家创新体系，逐步形成一个国防科技创新与民用科技创新有机融合的国家一体化创新体系，为实现国防建设与经济建设统筹协调一体化发展提供科技支撑。

2.1.5.2 科技资源一体化配置

基于资源有限性理论，建构一体化科技创新体系，必然要求实现分散于军事领域和经济领域的科技资源配置一体化，将有限的科技资源投入满足科技、经济和军事发展的最大科技创新需求，从而促进国防建设与经济建设的统筹协调一体化发展，形成一体化的国家战略体系与能力。国内不少学者从资源配置的角度来研究资源一体化配置问题。例如，郭中侯和张涛基于国防建设与经济建设统筹协调发展的视角来研究一体化资源配置问题，认为一体化配置资源是指按照军民融合战略发展目标，对可利用的经济建设和国防建设资源进行统一安排、合理使用的过程，其本质是战斗力要素结构与资源配置结构的双向优化[1]。

那么，如何定义科技资源一体化配置呢？本书研究认为，所谓科技资源一体化配置，是指站在维护国家安全利益与发展利益的战略高度，立足科技创新与经济发展、国防科技创新与武器装备研制的科技资源基础，着力推进科技资源在军民领域的相互转移、流动与融合，实现科技资源优化配置和高效利用，把国防科技创新投资嵌入国家创新体系，实现国防科技创新体系与国家创新体系的有机耦合、融为一体，最终形成一体化国家科技创新体系，以期更好地满足维护国家主权、安全利益与发展利益的战略需求。

---

① 郭中侯，张涛. 论经济建设与国防建设资源一体化配置[J]. 中国军事科学，2016（3）：48-56.

2.2 本书的理论基础

任何一个科学问题的研究都是建立在一定理论基础上的，科技资源一体化配置问题研究也不例外。由于不同理论指导下的科技资源配置状况不同，因此需要厘清科技资源一体化配置的相关基础理论。指导科技资源一体化配置问题研究的理论比较多，主要有新制度经济学、新增长理论、资源配置理论、资源配置效率理论、资产专用性理论、公共产品理论等。

2.2.1 新制度经济学

20 世纪 70 年代中期以来，以科斯为代表的"新制度经济学"（New Institutional Economics）在经济学理论中的影响力日益增加，成为西方经济学界一个引人注目的理论。迄今为止，新制度经济学的发展粗具规模，已形成交易费用经济学、产权经济学、委托—代理理论、公共选择理论、新经济史学等几个支流。新制度经济学包括四个基本理论：交易费用理论、产权理论、企业理论、制度变迁理论。

交易费用理论。交易费用理论是科斯在 1937 年发表《企业的性质》一文中提出的，科斯认为，交易费用应包括度量、界定和保障产权的费用，发现交易对象和交易价格的费用，讨价还价、订立合同的费用，督促契约条款严格履行的费用，等等。交易费用理论的提出，对于新制度经济学具有重要意义。由于经济学是研究稀缺资源配置的，交易费用理论表明交易活动是稀缺的，市场的不确定性导致交易是具有风险的，因而交易也有代价，从而也就存在如何配置的问题。资源配置问题就是经济效率问题。所以，新的制度必须提高经济效率，否则旧的制度将会被新的制度所取代。

产权理论。新制度经济学认为，交易中的产权所包含的内容影响物品的交换价值。E. G. 菲吕博顿认为，产权是指"由物的存在及关于它们的使用所引起的人们之间的相互认可的行为关系。产权安排确定了每个人相应于物时的行为规范，每个人都必须遵守其与其他人之间的相互关系，或承担不遵守这种关系的成本"①。产权实质上是一套激励与约束机制，影响和激励行为是产权的一个基本功能。新制度经济学认为，产权安排直接影响资源配置效率，一个社会的经济绩效如何，最终取决于产权安排对个人行为所提供的激励。产权制度之所以重要，是因为在任何一个社会中，资源相较人类的需求而言总是有限的或稀缺的，正因为资源的有限性与人类需求的无限性，在任何社会都必然会发生争夺资源的竞争和分享现有资源所引起的利益冲突。如果这种竞争没有合理的产权制度加以约束或规范，即如果不建立合理的产权制度以明确界定资源的所有权以及在资源使用中获益、受损的边界和补偿的原则，不规定产权交换的规则来解决在资源稀缺条件下人们竞争性利用资源发生的利益冲突，就难以实现资源的合理配置、有效利用和经济的增长，反而会由于竞争秩序的混乱而造成资源的严重浪费，甚至导致资源的消散②。

企业理论。科斯认为，市场机制是一种配置资源的手段，企业也是一种配置资源的手段，二者是可以相互替代的。在科斯看来，市场机制的运行是有成本的，通过形成一个组织，并允许某个权威（企业家）来支配资源，就能节约某些市场运行成本。交易费用的节省是企业产生、存在以及替代市场机制的唯一动力。

制度变迁理论。制度创新和制度变迁是一个国家经济增长和社会发展的重要保障。产权理论、国家理论和意识形态理论构成制度变迁理论的三块基石。制度变迁理论涉及制度变迁的原因或制度的起源问题、制度变迁的动力、制度变迁的过程、制度变迁的形式、制度移植、路径依赖等。

2.2.2 新增长理论

自古典政治经济学体系建构以来，经济增长就一直是经济学研究的主题。20世纪80年代中期之后，以罗默（Paul Romer）和卢卡斯（Robert Lucas）为代表的"新增长理论"致力于解决"经济增长的根本原因"这一经济学中重要且令人困惑的问题。"新增长理论"的出现标志着新古典经济增长理论向经济发展理

---

① E.G.菲吕博顿，S.配杰威齐.产权与经济理论：近期文献的一个综述[A]//R.H.科斯.财产权利与制度变迁[M].上海：上海三联书店，上海人民出版社，1996：205.

② 周成彦.产权制度对资源配置效率的影响[J].上海商业，2005(1)：35-37.

论的融合。这一融合的显著特点是，强调经济增长不是外部力量(如外生技术变化)，而是经济体系的内部力量(如内生技术变化)作用的产物①。

以 Paul Romer、Robert Lucas、Stokey. N 和 Young Alwyn 等为代表，强调知识和人力资本是"增长的发动机"，因为知识和人力资源本身就是生产投入要素：一方面它是投资的副产品，即每个厂商的资本增加会导致其知识存量的相应提高；另一方面知识和人力资本具有"外溢效应"，即一个厂商的新资本积累对其他厂商的资本生产率有贡献。也就是说，任何一个给定厂商的生产力是全行业积累总投资的递增函数，随着投资和生产的进行，新知识将被发现，并由此形成递增收益②。因此，通过产生正的外在效应的投入(知识和人力资本)的不断积累，增长就可以持续。

以 Paul Romer、Helpman. E 和 Howitt. P 等为代表，强调发展研究是经济刺激的产物。大量的创新和发明正是厂商为追求利润最大化而有意识投资的产物。由于这一研究与开发产生的知识必定具有某种程度的排他性，因此开发者拥有某种程度的市场力量(垄断力)。但是，发明者的垄断地位具有暂时性，当新的创新出现时，它就会被取代并丧失其垄断利润。正是这种对垄断利润的追求，以及垄断利润的暂时性，使创新不断继续，从而，经济就进入持续的长期增长中。

2.2.3 资源配置理论

资源配置有广义、狭义之分。广义上的资源配置是指社会总产品(包括劳动力)的配置；狭义上的资源配置是指生产要素的配置，即为了生产某种商品或劳务所进行的生产要素的组合及地域安排③。本书研究认为，资源配置是指资源的稀缺性决定了任何一个社会都必须通过一定的方式把有限的资源合理分配到社会的各个领域中，以实现资源的最佳利用，即用最少的资源耗费，生产出最适用的商品和劳务，获取最佳的效益。资源配置合理与否，对一个国家经济发展的成败有着极其重要的影响。

---

① 季燕霞. 新增长理论的贡献及其对我国的启示[J]. 当代经济研究，2002(10)：23-26.
② 周绍森，胡德龙. 保罗·罗默的新增长理论及其在分析中国经济增长因素中的应用[J]. 南昌大学学报(人文社会科学版)，2019(4)：71-81.
③ 宁怀芳. 资源配置与资源配置机制[J]. 郑州大学学报(哲学社会科学版)，1995(6)：25-28.

资源配置理论。只要经济增长中的全要素生产率增长率得不到解释，就不能说经济增长得到了完全的解释。而对经济增长的所谓完全解释，就是用可观测生产要素（或者说投入）的变化来解释全要素生产率增长率。在资源配置理论中，可观测生产要素的配置和积累是由经济系统的内部机制决定的，因此，资源配置理论用可观测生产要素来解释生产率变化和经济增长，就是将对生产率和经济增长的解释内生化。

最优理论是资源原配置的理论基础，次优理论或第三优理论等则是最优理论的扩展和延伸。最优理论即帕累托最优（Pareto Optimality），或者称为帕累托效率（Pareto Efficiency），主要是指资源配置的一种理想境界：假定固有的一群人和可分配的资源，从一种分配状态到另一种分配状态的变化过程中，在没有使任何人境况变坏的前提下，使至少一个人变得更好。也就是说，如果某种资源配置能够在不影响或损害其他人利益的情况下还能至少实现一个人福利状况的改善，那么既有的资源配置就不是帕累托最优状态。帕累托最优状态就是不可能再有更多的帕累托改进的余地；换句话说，帕累托改进是达到帕累托最优状态的路径和方法。从现实经济社会活动实践来看，帕累托最优仅仅是一个公平与效率的"理想王国"。

资源配置理论同样也是马克思主义政治经济学的重要内容。马克思主义政治经济学认为，商品是一个通过自己的使用价值来满足人的某种需要的"物"，这些"物"的再生产过程被马克思称作"生产一般"，也就是资源配置问题。与西方主流经济学不同的是，马克思主义认为，"经济学所研究的不是物，而是人和人之间的关系，归根到底是阶级和阶级之间的关系；可是这些关系总是同物结合着，并且作为物出现"①。也就是说，资源配置具有物质内容和社会形式的两重性，其实质上应该是各类资源要素在存在利益差异甚至是利益冲突的不同人、不同社会组织或不同社会生产部门之间的分配，是对社会生产关系的直接反映。那么，建立在一定生产资料所有制基础上的社会生产关系就成为资源配置实现的必然机制②。正如马克思所讲："要想得到和各种不同的需要量相适应的产品量，就要付出各种不同的和一定量的社会总劳动量。这种按一定

---

① 中共中央编译局．马克思恩格斯选集(第2版)，第2卷[M]．北京：人民出版社，1995：44.
② 张宇．转型政治经济学[M]．北京：中华书局，2009：115.

比例分配社会劳动的必要性，绝不可能被社会生产的一定形式所取消，而可能改变的只是它的表现形式，这是不言而喻的。自然规律是根本不能取消的。在不同的历史条件下能够发生变化的，只是这些规律借以实现的形式。"①在这里，自然规律毋庸置疑地是指"看不见的手"，即市场规律。此外，在考察分析平均利润的形成过程中，马克思发现这样一个现象："竞争会把社会资本这样地分配在不同的生产部门中，以致每个部门的生产价格，都按照这些中等构成部门的生产价格来形成。"②也就是说，价值规律、供求规律及竞争机制等市场经济运行机制可以调节社会资源的流向与流量，实现资源的优化配置。但是，市场竞争会导致弱肉强食的结果，资本实力弱的所有者被资本实力雄厚的所有者击垮，使市场经济活动处于"失灵"或者说是无政府状态，这就需要"一切规模较大的直接社会劳动或共同劳动所需要的指挥"③，即发挥政府对市场的宏观调控作用④。

2.2.4　资源配置效率理论

资源配置效率问题是经济学研究的核心内容。社会经济发展问题的关键在于如何以有限的资源去更好地满足人们日益增长的需求。这就是人们为什么高度关注资源的有效配置问题。相较人们的无限需求，资源总是有限的，这也必然决定了某一特定资源的局部供给也是有限的。但不同的是，资源在局部供给上可以在一个很大的范围内变动。正是这种资源需求的无限性、资源总供给的有限性和资源局部供给的可变动性使有效配置不仅成为必要，而且成为可能⑤。

资源配置效率是指在一定的技术水平条件下各投入要素在各产出主体的分配所产生的效益。它包含两个层面：一是宏观层次的资源配置效率，即社会资源的资源配置效率，通过社会经济制度建构而实现；二是微观层次的资源配置

① 中共中央编译局. 马克思恩格斯选集(第2版). 第4卷[M]. 北京：人民出版社，1995：580.
② 马克思. 资本论. 第三卷[M]. 北京：人民出版社，2004：193-194.
③ 马克思恩格斯全集. 第二十三卷[M]. 北京：人民出版社，1972：367.
④ 张福东，姜威. 马克思资源配置理论的逻辑蕴涵与当代价值[J]. 东北师大学报(哲学社会科学版)，2014(3)：73-76.
⑤ 刘伟，杨云龙，等. 资源配置与经济体制改革[M]. 北京：中国财政经济出版社，1989：58.

效率，即资源使用效率，通过生产单位内部生产管理和提高生产技术实现。现代经济学认为，市场是资源配置最重要的方式，而资本市场在资本等资源的配置中起着极为关键的作用。

古典经济学第一次提出资源配置这个概念，认为市场这个"看不见的手"是资源配置的最佳手段。亚当·斯密认为，在经济自由的条件下，人们在从事经济活动时，"他受着一只看不见的手的指导，去尽力达到一个并非他本意想要达到的目的"①。这只"看不见的手"源于"个人的利益与追求"，自然会引导人们把社会资本尽可能地按照最适合全社会利害关系的比例，分配到社会不同的使用领域。由上可知，作为资源配置的手段，市场通过利益诱导实现对社会资源的优化配置，最终提高资源配置效率。

新古典经济学认为，在完全竞争市场中，社会资源应按照边际效率最高的原则在市场之间实现最优配置。经济学理论认为，在一个自由选择的环境中，社会的各类人群在不断追求自身利益最大化的过程中，可以使整个社会的经济资源得到最合理的配置。市场机制实际上是一只"看不见的手"推动着人们往往从自利的动机出发，在各种买卖关系，以及各种竞争与合作关系中实现互利的经济效果。虽然在经济学家看来，市场机制是迄今为止最有效的资源配置方式，但是事实上由于市场本身不完备，特别是市场的交易信息并不充分，导致社会经济资源的配置存在很多的浪费。提高经济效率意味着减少浪费。如果经济中没有任何一个人可以在不使他人情况变坏的同时使自己的情况变得更好，那么这种状态就达到了资源配置的最优化。

推进国防科技创新和装备发展的需求的无限性与国防科技资源供给的相对有限性之间的矛盾，使国防科技资源的空间分布与配置结构的科学设计显得极其重要。本书在分析评价我国国防科技资源配置效率的过程中将积极参照帕累托最优这一效率评价标准，同时学习借鉴古典经济学和新古典经济学中对于市场实现资源配置的科学认知，在探讨如何进一步优化国防科技资源分布结构和提高国防科技资源配置效率时，坚持充分发挥市场机制在国防科技资源配置中的基础性作用。

---

① ［英］亚当·斯密. 国民财富的性质和原因的研究（下卷）［M］. 中译本. 北京：商务印书馆，1974：27.

2.2.5 公共产品理论

公共产品理论是公共经济学的一项基本理论，也是事关如何处理资源配置中政府与市场关系的基础理论之一。在这一理论分析框架下，人们将社会产品一分为二：一是公共产品，二是私人产品。萨缪尔森在《公共支出的纯理论》中认为，纯粹的公共产品或劳务是这样的产品或劳务，即每个人消费这种物品或劳务不会导致别人对该种产品或劳务消费的减少，它具有效用的不可分割性、消费的非竞争性和受益的非排他性等特征[①]。那么，凡是可以由个别消费者所占有和享用，具有敌对性、排他性和可分性的产品就是私人产品。在公共产品和私人产品中间，学术界认为还有一种产品，这种产品被称为准公共产品。

林达尔均衡是公共产品理论最早的成果之一。林达尔认为，公共产品价格并非取决于某些政治选择机制和强制性税收，恰恰相反，每个人都面临着根据自己意愿确定的价格，并均可按照这种价格购买公共产品总量。处于均衡状态时，这些价格使每个人需要的公共产品量相同，并与应该提供的公共产品量保持一致。因为每个人购买并消费了公共产品的总产量，按照这些价格的供给恰好就是所有个人支付价格的总和[②]。林达尔均衡使人们对公共产品的供给水平问题取得了一致，即分摊的成本与边际收益成比例。

在准公共产品问题研究上，早在 1956 年，蒂鲍特（C. M. tiebout）在《一个地方支出的纯理论》一文中提出并分析了地方公共产品问题，认为一些公共产品只有居住在特定地区的人才能享用，因此个人可以通过迁居来选择其消费的公共产品。布坎南则在 1965 年的"俱乐部的经济理论"中首次对非纯公共产品（准公共产品）进行了讨论，使公共产品的概念得以拓宽，认为只要是集体或社会团体决定，为了某种原因通过集体组织提供繁荣物品或服务，便是公共产品。20 世纪 70 年代以后，公共产品理论的发展主要集中在设计机制保证公共产品的决策者提供的效率原则。

---

① 林鹏生. 农村公共产品供给现状及对策研究[J]. 财政研究，2008（4）：30-33.
② 李依琳. 从"林达尔均衡"看全球性公共产品供给困境及对策[J]. 学习月刊，2011（6）：53-54.

2.3　科技资源的主要分类与基本特点

　　本书研究的聚焦点是应用于国防科技创新与军品科研生产领域的科技资源，更是一体化配置的主要对象。科学认知与准确厘清科技资源的主要分类、要素构成以及基本特点，是研究科技资源一体化配置问题的前提条件。

2.3.1　科技资源的主要分类

　　由科技资源的概念界定可知，在不同历史背景下对于科技资源可以从不同的角度、根据不同的标准进行分类，相应的结果也不尽一致。本书借鉴他人的研究成果，充分考虑我国特有的国情以及科技创新与军品的历史发展和现实情况，认为关于科技资源的分类可以从我国科技创新与军品科研生产的历史和现实的角度来进行探讨。

　　当前，伴随着科技创新开放融合发展的深度推进，具有中国特色的国防科技创新体系，是一个由军队国防科技创新体系、国防科技工业部门国防科技创新体系和从事国防科技创新活动的民口科技创新体系等要素构成的有机体。与此相对应的是，应用于国防科技创新与军品科研生产的科技资源的分类，也应该是涵盖分布于军队国防科技创新体系的科技资源、国防科技工业部门国防科技创新体系的科技资源和民口科技创新具有国防科技创新实力或创新潜力的科技资源。

2.3.1.1　军队国防科技创新体系的科技资源

　　军队国防科技创新体系的科技资源是国防科技创新与军品科研生产的拳头力量。它主要包括以军事科学院为代表的军事科研部门所拥有的科技资源、以国防科技大学为代表的军事院校所拥有的科技资源、装备发展部门所拥有的科技资源及分散于各军兵种的各类科技资源。

2.3.1.2　国防科技工业企业及其科研院所拥有的科技资源

　　国防科技工业企业及其科研院所是国防科技创新与军品科研生产发展的主要载体，也是科技资源比较集中的部门。中华人民共和国成立以来，党和政府始终高度重视国防科技工业建设，关注国防科技工业企业的发展，并且根据不同历史时期的国防建设与经济发展的不同需要，及时推动我国国防工业企业结构的调整与改革。经过多次改革与调整，截至 2022 年，我国国防科技工业企业主要包括十大军工集团和中国工程物理研究院，拥有 300 多个核心军工科研机构、90 多个重点实验室，还拥有一支科技创新能力突出的国防科技创新人才队伍。

2.3.1.3　军工院校拥有的科技资源

军工院校是主要服务于国防工业领域，从事军工人才培养、国防科技创新与军品科研生产工作的高等院校，拥有丰富、优质的科技资源，是我国国防科技创新进步与武器装备建设发展的重要依托。1999 年 1 月，国务院对原有的 5 个军工总公司下属的 389 所各级、各类军工院校的管理体制进行调整，北京航空航天大学、北京理工大学、哈尔滨工业大学、哈尔滨工程大学、南京航空航天大学、南京理工大学和西北工业大学七所高等院校为原国防科技工业委员会直属高校，在原国防科技工业委员会撤销后，转隶为工业和信息化部直属高校，其余军工院校大多改为省部共建高校，依旧以培养军工人才、开展国防科技创新与军品科研生产工作为中心任务，服从服务于国防工业建设与发展，聚焦国防和军队现代化建设，为全面建成世界一流军队提供可靠的装备技术保障。

2.3.1.4　承制军品科研生产任务的民用工业企业、地方高校及其他科研机构拥有的科技资源

军民协同发展是统筹国防建设与经济建设，实现富国和强军相统一的重大战略举措。近年来，我国军品科研生产的军民开放融合发展稳步推进。随着我国国防工业领域对外开放步伐的不断加快，越来越多的民用工业企业、地方院校、地方科研机构，尤其是民营企业开始迈入国防科技创新与军品科研生产领域的门槛，承担越来越多的国防科技创新与军品科研生产任务。

据统计，截至 2015 年底，获得军品科研生产许可的民口单位约占总数的 2/3；民营企业参与配套的范围不断扩大，层级不断提升，军工企业、民口国

有企业和民营企业共同支撑军品科研生产的发展格局初步成型①。这些公有或非公有的民用工业企业日渐成为我国国防科技创新进步与装备现代化建设的重要战略补充力量。

这里值得说明的一点是，大量正在或即将参与军品科研生产活动的民用工业企业、地方高校和地方科研院所的科技资源，向国防科技创新和军品科研生产部门流动与转化，参与国防科技创新与军品科研生产活动，这是科技资源一体化配置的重要体现，更是构建开放融合发展的国家科技创新体系的关键环节。在国防科技创新与军品科研生产活动中，这些创新主体的科技资源配置效率在一定程度上反映出科技资源一体化配置效率的状况。因此，本书主要通过分析承制军品民用工业企业的科技资源配置效率来考察科技资源一体化配置效率状况。

2.3.2 科技资源的要素构成

学术界普遍认为，科技资源是"由具有相互作用的多要素组成的集合"②。根据科技资源所包含的要素内容来划分的，应用于国防科技创新与军品科研生产领域的科技资源主要是由科技人力资源、科技财力资源、科技物力资源、科技信息资源及科技组织资源等要素构成的有机体。

2.3.2.1 科技人力资源

知识经济时代，科技人力资源作为重要的战略资源，地位和作用日渐凸显。这里讲的科技人力资源，是指直接从事国防科技创新和军品科研生产活动的科技人员，或为国防科技创新和军品科研生产提供有效服务的其他人员，主要分布于军队科研单位、军队院校、国防工业企业、军工科研院所、军工院校以及具备国防科技创新与军品科研生产潜力的民用工业企业、地方科研院所和地方高校。它不仅包含正在从事国防科技创新和军品科研生产活动的科技人员，也包含可能从事国防科技创新和军品科研生产活动的科技人员。国防工业科技人力资源按照构成，可以划分为专门人才（至少具有精通某一专门领域的知识、技能的人才）、专业技术人员（具有中专以上学历或技术员以上职称的

---

① 毕京京，肖冬松．中国军民融合发展报告2016[M]．北京：国防大学出版社，2016：7.
② 李建华，刘伶利，郑东．科技资源要素的特征及作用机制[J]．经济纵横，2007(3)：51-53.

人员)、R&D 人员(研发活动人员)以及科学家、工程师等。

2.3.2.2 科技财力资源

科技财力资源不仅是国防科技创新与军品科研生产的重要保障,而且对经济社会发展具有较大的影响。这里讲的科技财力资源,是指从事国防科技创新和军品科研生产活动所需要的经费投入,主要投向国防科技研究与开发、军品科研生产、使用与维修服务等。作为衡量一个国家国防科技创新进步与军品研制生产能力和竞争力高低的重要指标,科技财力资源主要包括政府财政科技支出经费、军队经费投入、自筹经费及科技贷款。其中,政府财政科技支出经费、军队经费投入和自筹经费是科技财力资源的最主要来源渠道。就国防科技创新与军品科研生产而言,政府和军队在科技财力资源的投入规模至关重要。

推进国防科技创新与军品科研生产,不仅需要形成稳定的政府和军队的财政投入增长机制,还需要发挥政府、军队财政对资源配置的引导力,引导社会领域内的各类财力资源进入国防科技创新与军品科研生产的投入体系,实现科技财力资源投入渠道的多元化,优化投资结构,努力提高科技财力资源的使用效率,切实增强我国国防科技创新能力与科研生产能力。

当然,对于一家具体的国防科技工业企业来讲,研发经费占产品销售收入的比例,反映了该企业科技创新能力及其对技术进步的追求程度。根据相关资料分析,十大军工集团科技财力资源投入基本上保持在占总收入(或主营收入)4%左右的水平,与国际大型企业研发投入占产品销售总收入的5%左右还有一定的差距①。需要进一步提高科技研发投入占产品销售总收入的比例,以提高我国国防科技工业企业的国防科技创新发展能力和参与国际市场的竞争能力。

2.3.2.3 科技物力资源

这里讲的科技物力资源,主要是指军队科研部门、军队院校、国防工业企业、军工科研院所、军工院校从事国防科技创新和军品科研生产活动所需要的科研设施、设备、仪器仪表和实验室。当然,在军民相互开放、协同发展的大背景下,"参军民企"、地方科研机构和地方高校从事国防科技创新与军品科

---

① 资料来源:http://www.sastind.gov.cn/n448154/index.html。

研生产活动时所使用的各种设施、设备、仪器仪表和实验室，也是构成科技物力资源的重要内容。目前，随着表现为信息化战争、智能化战争的未来高端战争时代的到来，为适应未来高端战争所需的国防科技创新与军品科研生产的需要，世界主要发达国家在科技物力资源上的投入规模越来越大，同时充分发挥科技物力资源投资的乘数效应，增加国内相关需求，提高经济社会发展水平。

2.3.2.4　科技信息资源

信息资源是现代社会重要的经济资源，是人类社会生产生活中不可或缺的重要因素[①]。科技信息资源既是国防科技创新与军品科研生产活动的重要资源，又是国防科技创新与军品科研生产活动的结果体现。这里讲的科技信息资源，是指从事国防科技创新与武器装备科研生产活动的各类创新主体为保证国防科技创新与武器装备科研生产活动的顺利开展而搜集、整理与存储的各类知识信息资源，主要以专利、期刊、论文、专著等为载体，主要包括国防科技成果、国防科技信息、国防科技情报等内容。

2.3.2.5　科技组织资源

科技组织资源既是国防科技创新与军品科研生产的活动平台，也是国防科技创新与军品科研生产的物质基础。这里讲的科技组织资源，主要是指从事国防科技创新与军品科研生产活动的军队科研机构、军队院校、国防工业企业、军工科研院所、军工院校，以及正在或即将承制军品科研生产任务的民用工业企业、地方高校和地方科研院所等科研组织运行机构的总和，它们是国防科技创新与军品科研生产活动的法人主体，承担着如何科学高效地组织与使用所拥有的科技资源开展国防科技创新与军品科研生产活动的职能任务。

本书研究认为，与一般科技创新活动一样，国防科技创新与军品科研生产活动的过程，主要是科技人力资源、科技财力资源和科技物力资源科学配置与有效融合的过程，因此，科技人力资源、科技财力资源、科技物力资源也就构成了科技资源的核心要素。

---

① 严密．信息资源配置制度研究及激励机制分析［M］．南京：东南大学出版社，2011：1-2.

2.3.3 科技资源的基本特点

2.3.3.1 稀缺性

与一般经济资源一样，稀缺性是科技资源的基本属性。所谓稀缺性，就是指"我们的欲望超过了现有的有限资源所能够满足的程度"[①]。由于在国防建设与经济建设过程中一直存在着"大炮"和"黄油"的取舍关系，因此，在经济社会发展的不同历史阶段，与国家安全需求、经济发展需求相比较，与国防工业转型升级发展需求相比较，科技资源总是具有相对稀缺性。按照经济学原理，对稀缺性资源只有进行科学合理配置，才能达到最优利用效率，才能实现对相对有限的科技资源的充分有效利用。也就是说，在科技资源稀缺性约束下，只有选择科学、高效的配置方式与配置手段，才能实现国防科技创新能力与军品科研生产能力等产出的最大化，以满足国家安全与经济发展对国防科技创新能力和军品科研生产能力建设提出的新要求，为维护国家安全和促进经济发展提供切实有效的物质技术支撑。

2.3.3.2 混合物品属性

私人物品与公共物品是经济学家讨论的两种物品。公共物品就是"一个人对某物品的消费并不减少其他人的消费"的物品。由于科技资源通过参与国防科技创新和军品科研生产、参与经济社会建设所提供的国家安全效用和经济社会发展效用"扩展于他人的成本为零，而且无法排除他人参与共享"[②]，因此，科技资源具有一定的公共物品属性。为什么这样说呢？因为现实生活中，既具有非竞争性又具有非排他性的纯公共物品很少，多数是介于公共物品和私人物品之间的所谓"混合物品"。同时，某个物品的物品属性不是一成不变的，而是随着经济社会条件的变化会发生相应变化。就科技资源来讲，其不同资源要素就具有不同的物品属性。例如，国防工业的科技组织资源、科技信息资源就是既具有非竞争性又具有非排他性的纯公共物品。军服系统、国防工业系统的科技财力资源主要来自政府公共财政支出，而既定经济社会发展条件下政府用

---

① 罗杰·A. 阿诺德. 经济学(第5版)[M]. 北京：中信出版社，2004：5.

② 保罗·萨缪尔森，威廉·诺德豪斯. 经济学(第17版)[M]. 北京：人民邮电出版社，2007：31.

于国防科技创新和军品科研生产活动的财力资源是有限的，受到政府预算的"硬约束"，因此，不同军队院校及其科研院所、不同国防工业企业、军工科研院所、军工高校相互之间存在一定程度的竞争性，这时科技财力资源呈现出私人物品属性。诸如科研试验仪器设备、国防科技重点实验室等科技物力资源，则是具有非排他性的和非竞争性的准公共物品属性。总之，应用于国防科技创新与军品科研生产领域的科技资源既具有公共物品属性，也具有一定程度的私人物品属性，因此，优化科技资源配置结构、调整科技资源配置方式，需要充分考量科技资源的"混合物品"属性这一特点。

2.3.3.3 竞争性与排他性

所谓竞争性，是指一个人使用一种物品将减少其他人对该物品使用的特性。排他性则是一种物品具有的可以阻止一个人使用该物品的特性①。稀缺性是导致资源流向、流量在不同资源配置主体间形成竞争的根本前提。科技资源中具有私人物品属性的资源要素，在国防科技创新与军品科研生产活动中就具有较为明显的竞争性与排他性。在完全竞争市场条件下，军队科研机构、军队院校、国防工业企业、军工科研院所、军工院校以及"参军民企业"、地方院校、其他社会科技力量等拥有独特的科技资源优势，如优质创新人才优势、学科优势等，将能够获得其他国防科技创新主体所无法获得的科技资源。对于那些具有公共物品属性的科技资源，在资源配置过程中也存在着一定程度的竞争性。科技资源的竞争属性是一把"双刃剑"，在公平竞争环境下，将能够降低科技资源配置的交易费用，实现科技资源的充分利用，大大提高科技资源配置效率；而在公平竞争环境缺失的条件下，科技资源配置过程中就可能出现"寻租"现象，导致交易费用过高，从而影响科技资源的优化配置和高效利用。

2.3.3.4 外部性

所谓外部性，就是指"在生产和消费产品时，那些没有直接参加市场交换的人们也能够感觉到其中所产生的副作用（溢出效应或第三方效应）"②。外部性可能为正，也可能为负。我们知道，应用于国防科技创新与军品科研生产领

① 曼昆．经济学原理微观经济学分册[M]．北京：北京大学出版社，2009：233.
② 罗杰·A.阿诺德．经济学（第5版）[M]．北京：中信出版社，2004：790.

域的科技资源是为保护国家安全利益而被用来进行国防科技创新和军品科研生产的物质基础，是为打赢未来可能发生的高端战争而在和平时期支付的安全成本，其终极目的就是为国家经济社会发展创造一个良好的外部安全环境，为每个国民个体的充分自由发展提供可靠的外部安全保障，表现出正外部性；同时，由于科技资源的"稀缺性"，如果过分偏重国防科技创新与军品科研生产，忽视对经济社会发展的服务保障功能，则会表现出一定程度上影响经济社会发展和民生改善的负外部性。

2.3.3.5　可替代性

所谓可替代性，就是指一种资源可被另一种资源或资本、技术、知识等其他要素替代的性质。应用于国防科技创新与军品科研生产领域的科技资源，是军队、国防工业部门或"参军民企"、地方院校及社会科技部门中从事国防科技创新和军品科研生产活动的人力资源、财力资源、物力资源、信息资源以及组织资源的统称。正如科学技术本无军民之分，科技资源也是本无军民之分的，只是有限的科技资源应用于国防建设和经济建设两个不同的领域而已，应用于国防建设领域的科技资源就被人为地看作国防科技资源，应用于经济社会建设领域的科技资源则被视为民用科技资源。同时，随着世界新军事革命、产业革命和技术革命的迅速推进，尤其是以信息技术、智能化技术为代表的现代科学技术深入发展，科学技术的军民之分已经不再那么明晰，而是日趋模糊，以信息技术、智能化技术为代表的现代技术的军民通用性日益凸显[1]。科技资源具有越来越明显的军民通用性，科技资源的军民之分也就渐渐消融，一些原先只是用于国防建设领域的科技资源开始向经济社会领域拓展，一些原先只是用于经济社会发展领域的民用科技资源也开始向国防科技创新与军品科研生产领域流动与转化，军用科技资源和民用科技资源的相互替代、相互转化日渐频繁，为国防建设与经济建设的统筹兼顾、协调发展奠定了坚实基础。

2.3.3.6　复杂多元化

科技资源包括人力资源、物力资源、财力资源、信息资源以及组织资源等各类科技资源要素。这里面既包含军队科研单位和军队院校所拥有的各类创新

① 陈建. 如何加强军民科技资源集成融合[N]. 学习时报，2012-08-27(002).

资源要素，也包括国防工业企业、军工科研院所及军工院校等国防工业部门所拥有的各类创新资源要素，更蕴含着军民融合深度发展条件下民用工业领域、社会科技领域以及国民教育领域的具备承担军品科研生产任务能力的各类创新资源要素，可以说是形式多样化、来源多元化。从理论上来讲，科技资源配置的基本问题是资源供给主体的确定。由于科技资源的复杂多样性，科技资源配置也需要采取多样化的配置方式，只有由不同的创新主体供给，才能实现科技资源的充分利用，提高科技资源配置效率，最终实现国防科技创新能力与军品科研生产能力的根本性提升。

3

推进现代科学技术开放融合发展

安全与发展是一个国家的根本利益。如何有效维护国家安全、推动经济社会发展，是一个国家的根本战略任务。科学技术是第一生产力，更是现代战争的核心战斗力。现代科学技术既是军队现代化建设的重要基础，也是推动经济社会发展的重要力量。因此，推进现代科学技术创新发展，已经成为世界各国维护国家安全、促进经济社会发展的重要战略。科学技术本无军民之分，尤其是进入21世纪后的信息化战争时代，以信息技术为代表的现代科学技术具有很强的军民通用性，军民界限已经越来越模糊，这为现代科学技术开放融合创新发展提供了前提条件。

同时，随着世界新军事革命的加速推进，以及科学技术多样化、复杂化发展和装备现代化成本激增等问题的涌现，科技资源的有限性和现代科技创新发展需求之间的矛盾，在当前显得尤为突出，这为推进现代科学技术开放融合创新发展奠定了现实基础。尤其是面对国际社会百年未有之大变局对国际安全和国家安全带来的前所未有的挑战，科学技术创新是决定一个国家和民族生死存亡的根本。谁能率先获得重大科学技术创新突破，抢占未来科学技术竞争制高点，谁就能在新一轮国际经济军事竞争中获得新优势。

推进现代科学技术创新，要求我们基于巩固提高一体化国家战略体系和能力需要，站在国家安全和发展战略全局的高度，统筹军民两类科技资源，推进现代科学技术开放融合创新发展，构建开放融合发展的国家科技创新体系，为实现国家经济高质量建设和国防高质量建设，为维护国家主权、安全利益与发展利益，提供坚实的科技服务保障。

3.1 世界主要国家现代科学技术开放融合发展的实践经验

进入21世纪，为了确保实现新的、重大的经济或军事目标，满足经济全球化条件下提升经济竞争力的重大科技需要，满足提供信息化战争形态下打赢信息化战争的国防科技创新与装备研制的需要，世界主要国家积极组织规模庞大的多学科综合研究项目，整合军民两类科技资源，逐步填补国防科学技术与民用科学技术创新发展相互隔离的鸿沟，走出一条现代科学技术军民相互开放、融合发展的新道路。

3.1.1 具体实践

3.1.1.1 美国"军民一体化"的现代科技发展体制机制

冷战结束后，美国根据国际政治、经济、军事形势变化出现的新特点，对冷战时期建立起来的庞大国防科技工业基础采取了一系列重大调整和改革政策措施，充分发挥其综合国力强大和科学技术发达的优势，逐步形成以国防部门为主体、市场经济为基础、法规制度为保障、合同承包为主要形式的"军民一体"的现代科技开放融合发展的创新体制机制。其推进现代科技开放融合、创新发展的具体做法如下：

（1）建立跨部门的军政联合协同机构。美国国防部成立了"技术转移办公室"，作为军、民用技术转移的牵头管理机构，并在相关政府部门和协会建立相应的协同机构。1993 年，美国对国防部部长办公厅进行重大改组，负责采办的副部长职责扩大，具体负责军事装备的生产事宜，促使国防科技工业生产与国防采办体制紧密相连[①]。

（2）构建军民结合型企业。美国国防工业体系的主体是私营企业，且大多是军民结合型企业，军、民用技术和资源是可共用的，并按市场经济规律运作。对于从事军工生产的私营企业的许多产品，军方采用商业采购方法，或是从军民结合型企业采购。根据美国 2001 年的《国防报告》，截至当年，美国原先军民分离的两个工业基础已基本融为一体。

（3）制定相关政策法规。美国国会、总统、国家科学技术委员会、国防部等政府部门通过制定国防科研生产政策和有关法律法规，为国防工业发展提供宏观政策指导。在有关政策法规中明确要求推行军民一体化，要求国防部更多地采用民用技术、标准及产品，以使军、民用产品和技术互通、互用。

（4）实施各种专项计划推动军民两用技术发展。美国十分重视在新兴技术和关键技术领域发展军民两用技术。自 1993 年起制订两用技术发展的核心计

---

① 赵澄谋，姬鹏宏，刘洁，等. 世界典型国家推进军民融合的主要做法分析[J]. 科学学与科学技术管理，2005(10)：26-31.

划后，美国又相继制订了小企业革新研究计划、技术再投资计划、两用技术应用计划等。这些技术计划的广泛运行依靠了各类研究机构的密切合作，许多计划项目都具有军用价值和民用潜力。美国还通过技术中心、技术推广中心或技术转让中心，加速军民两用技术的推广和成果转化。

3.1.1.2 俄罗斯"军民结合"的现代科技发展体制机制

苏联解体后，俄罗斯为了摆脱经济困境，强调在首先满足国防需求的前提下，推进军民结合和发展军民两用技术，促进建立军民结合的工业体系。当前，俄罗斯国防工业正在由军民分离模式转向军民结合模式。其推进现代科技开放融合、创新发展的具体做法如下：

（1）促进军工企业转轨改制。俄罗斯政府撤销了苏联部长会议所属的9个国防工业部，成立了俄罗斯国防工业委员会，并建立了俄总统国防工业和科技问题顾问班子，组建了民间性质的"俄罗斯国防工业企业联盟"等。将军工企业从单一的国家所有制形式变为多种所有制形式，主要分为国家所有制、国有制与股份制相结合、股份制（完全私有化）三种形式，并明确政府对这些企业承担的责任[①]。实行私有化的企业必须与政府签订合同以保证国防订货任务的完成；实行股份制的企业，国家所控股股份需要保持在3年以上，所得红利用于军转民费用。

（2）建立军民结合的工业体系。俄罗斯为发挥国防工业独一无二的生产和科研潜力，逐步解决军工生产与国民经济脱节问题，在1994年和1995年的财政预算中增加了军民两用技术的投资力度。1998年，俄政府出台了军转民法，对军民结合、两用高技术的发展作出了许多新的规定。在1998年的《1998—2000年国防工业军转民和改组专项规划》中，还要求在航空航天、电子、通信设备等工业部门，优先采用军民两用技术，并关注两用技术的开发与应用。

（3）加强政府与军工企业的联系交流。组建民间性质的"俄罗斯国防工业企业联盟"，该联盟在议会中占有席位，代表各国防企业的利益。它是国防企业同政府、议会和军方联系的重要纽带，也是有关国防工业的重要咨询和协调机构。

---

① 张国，冯华. 国外军民融合发展研究综述[J]. 党政干部学刊，2018（4）：64-70.

（4）制定和完善有关采购工作的法律和规章制度。政府制定并逐步完善相关管理工作的法律、规章、制度，使管理工作有法可依、有章可循，如制定"国防工业法"，规定承担军品科研与生产任务的企业的职责、权利和生产活动的经济保障，以及情况变化时对企业的保护措施；明确军事订货的一些原则和要求，如加强计划工作，采用招标制，明确军事订货责任主体，以及实行军事采购的标准化和通用化等；将国防订货与军工企业的经济利益挂钩，如根据产品种类规定国防订货的利润率，以保证军工企业有稳定的收入，对执行军事订货任务的企业在纳税方面给予一定的优惠，对军品科研和生产完全符合合同条件的人员颁发奖金，对违背合同条件的给予经济制裁，订货单位对周期在6个月以上的项目预付产品设计和生产定金。

3.1.1.3 日本"寓军于民"的现代科技发展体制机制

作为"二战"的战败国，日本军事力量的发展受到种种限制，国防开支基本保持在 GDP 的 1% 以内。因此，日本确立了主要依靠民间企业发展武器装备的基本方针，不设立专门的国有军工企业，许多民间企业，特别是大型企业都可以从事军工生产活动，即采用了"寓军于民"的发展模式。其推进现代科技开放融合、创新发展的具体做法如下：

（1）建立政、军、民相结合的决策运行机制。日本的通商产业省是政府管理军工生产的职能机构，主要通过制定有关的法规政策，对军工生产实施宏观调控。原防卫厅没有管理民间军工企业生产的政府职能，主要通过合同方式实施管理，对于军内的科研机构实行计划管理。众多的民间企业加入国防生产，日本防卫厅为了有效地进行组织、协调和管理，每年把相当数量的一批退役高级干部安排到有关企业中担任要职，还组织一些行业性和跨行业的民间军工团体，如防卫技术协会、日本防卫装备工业会、经团联防卫生产委员会等；各个大企业中也设立了专门负责和促进军工生产的机构，如日立公司设立了"军事技术推进本部"①。

（2）积极扶持承担军工任务的企业。对重点军工企业在经费和投资上进行倾斜，让这些企业及其军品生产线的功能和生产设备的开发能力不受到军品订

---

① 赵富洋. 我国国防科技工业军民结合创新体系研究[D]. 哈尔滨：哈尔滨工程大学，2010：22-23.

货任务少的冲击；对中小型军工企业实行补助与税制上的优惠，以激励小企业开发军工生产的活力。重视咨询与协调。防卫厅的两极管理机构都有智囊机构，厅级咨询机构是装备审查委员会，技术研究本部的咨询机构是顾问室，采购实施本部的咨询机构是合同审查委员会。防卫厅设立军品采购恳谈会和国防工业技术恳谈会，"军品采购恳谈会报告"对确定军品采购基础，促进军工企业合理组织军品科研生产，改进军品采购工作，采取综合调整改革措施以及确保军工生产基础健康发展等提出建议。"国防工业技术恳谈会报告"对怎样促进国防科研，有效地维持军工技术基础、加强技术验证运用预先计划的产品改进等问题提出建议。

3.1.1.4　欧盟"寓军于民"的现代科技发展体制机制

欧盟认为积极鼓励社会企业参与装备科研生产竞争，充分利用先进民用技术，是大量节省研制生产费用、弥补国防科研经费日益短缺的重要途径，因此强调将它的重点技术计划更直接地同欧洲国防工业竞争能力所依赖的关键新技术联系起来，促进民用研究计划与军用研究计划的结合。其推进现代科技开放融合、创新发展的具体做法如下：

（1）寓军于民是欧盟国防科研生产的基本特征。以德国为例，德国国防部没有下辖的独立的军工企业，装备的研制和生产基本上由民间企业完成，科研项目也委托地方科研机构和高等院校进行。在德国的一些大型企业里，军品和民品生产结合得较好，如著名的奔驰集团，除生产飞机、导弹等军品，还生产包括新式交通工具、太阳能等在内的各种民品。这样一方面消除了别国对德国恢复军工潜力的疑惧；另一方面使军工生产更好地纳入了市场经济的轨道，减少了对军工订货的依赖，有利于保留军事工业的骨干技术力量。

（2）利用民用资源是欧盟发展国防工业的重要政策。法国政府强调，装备科研生产要尽可能采用民用标准，积极推进民用技术在军事系统中的应用，为一些国防合同商利用研制军用产品的核心技术开发民品创造条件。

3.1.1.5　英国"军民协同合作"的现代科技发展机制

英国于2020年脱欧后，将追求独立国防与加强英美跨大西洋联盟作为战略选择，在国防科技与军品科研生产上，英国国防部与工业界和科研机构加强合作，本着费用分摊、风险共担的原则，组建了专门负责开发军民两用技术的国防鉴定与研究总局，开展了"开拓者计划""外单位研究""探索者计划"等一系列利用民营企业的技术资源为军服务的计划。

3.1.2 基本经验

以美国为代表的西方发达国家积极鼓励社会科研生产力量参与装备科研生产竞争，推进军民两用技术的良性互动，为我国走出一条中国特色的现代科学技术军民相互开放、融合发展之路提供了宝贵经验。

3.1.2.1 国家宏观决策层用法律规章制度规范和促进现代科技开放融合发展

20 世纪 90 年代，美国政府相继颁布实施了《1990 年国防授权法》《国防工业技术转轨、再投资和过度法》《1994 年联邦采办改革法》《国家安全科学技术战略》等法规，明确提出军民一体化，积极鼓励军民两用技术的发展，使市场主体——企业更容易参与到装备科研生产领域中，推动现代科技开放融合发展。

3.1.2.2 装备采办方采取相应措施促进社会科研生产力量参与装备科研生产竞争

为有效促进社会科研生产力量参与装备科研生产竞争，美国国防部相继颁布了《采办改革：变革的命令》《两用技术：一种为获得经济上能承受得起的前沿技术的国防战略》《国防科学技术战略》等政策，明确指出要更多地采购民用产品、采用民用规格和标准，促进民用技术引入军事系统，促进国防工业与民用工业结合并建立共同的工业基础。欧盟各国政府根据一系列政策措施，淡化军民技术界限，促进军民技术的融合，旨在建立一个构建在开放融合发展基础上的国家科技创新体系。例如，法国、德国的《国防白皮书》等，都明确提出国防工业要注重朝着军民两用的方向发展。西方发达国家通过推行军民一体化，积极吸引社会科研生产力量参与装备的研制，大力发展军民两用技术，从而提高了国防工业基础的创新能力、企业的全球竞争力，促进了国民经济的更快发展。

3.1.2.3 在国防采办中积极推行军民两用技术发展策略

发展军民两用技术能够减少国家投资的风险、降低装备研制生产的成本，有利于国防工业企业自身的健康发展。西方发达国家在国防采购中把国防合同作为一种手段，促进社会科研生产力量高度重视对先进技术特别是民用或军民两用先进技术的研发。

3.1.2.4 充分吸收利用社会科研生产力量和社会科研成果开展国防科研工作

随着科学技术的迅猛发展，一些从事高新技术开发的社会科研生产力量的技术水平已经领先于国防工业部门的技术水平。西方发达国家发展军民两用技术，重视发挥社会科研生产力量的作用，采取各种措施促使更多的社会科研生产力量来承担装备的研制与生产。同时，密切关注民间科学技术的发展，及时有效地吸纳先进的社会科研成果，使先进的民用技术能够迅速地转化为军事技术，实现军民科技成果的相互转化、相互支撑。

3.2 推进现代科技开放融合发展的客观要求

现代科技创新与发展不仅承担着维护国家安全利益的光荣使命，而且担负着为经济社会发展提供科技支撑的历史重任。推动现代科技开放融合发展，既是军事技术装备创新发展的必然趋势，也是当代科技革命、产业革命和新军事变革的内在要求①，更是新世纪新阶段有效维护国家主权、安全与发展利益的根本手段。

3.2.1 实现经济高质量发展的现实需要

2017 年，党的十九大报告明确指出："我国经济已由高速增长阶段转向高质量发展阶段。"②所谓经济高质量发展，是指摒弃过去那种赶超型的经济模式，依靠科技创新来驱动经济增长、提高全要素生产率、提高生产要素使用效率，其是构建现代经济体系的本质要求。

改革开放以来，党和政府紧紧扭住经济建设不放松，不断扩大对外开放，

---

① 吕景舜，戴阳利. 美国军民一体化政策分析[J]. 卫星应用，2014(9)：46-49.
② 本书编写组. 党的十九大报告辅导读本[M]. 北京：人民出版社，2017.

经济建设取得举世瞩目的辉煌成就，2022 年我国经济总量高达 121 万亿元，折合超过 18 万亿美元，稳居世界第二大经济体。但也要看到，经济发展过程中一味追求增长速度、强调规模扩张的现象依旧存在，高能耗、高污染的粗放型发展没有得到根本扭转，我国经济发展下行压力较大，不确定因素增多，经济发展不平衡、不协调、不可持续问题较为突出。

科技创新是实现经济高质量发展的战略支撑。2023 年 2 月 22 日，习近平总书记在主持中共中央政治局第三次集体学习时指出，应对国际科技竞争、实现高水平自立自强，推动构建新发展格局、实现高质量发展，迫切需要我们加强基础研究，从源头和底层解决关键技术问题①。40 余年经济建设的事实告诉我们，传统的粗放式发展路子已经走不通了。要想实现经济长期可持续的快速增长，只有向科技创新要效率，依靠科技创新实现经济高质量发展，依靠科技创新催生新的经济业态、塑造新的发展优势。2020 年 9 月，习近平总书记在科学家座谈会上强调："现在，我国经济社会发展和民生改善比过去任何时候都更加需要科学技术解决方案，都更加需要增强创新这个第一动力。"②由于全球化发展趋势、"大科学"时代特征、高技术特别是信息技术呈现出高度的军民通用性，以及科技资源的有限性，要求着力破解科技创新军民二元分离矛盾，着力推进现代科学技术开放融合、创新发展，这是实现新时代经济高质量发展的内在要求。

3.2.2 适应构建高水平社会主义市场经济体制的要求

着力推进现代科学技术开放融合、创新发展，是适应构建高水平社会主义市场经济体制要求的必然选择。新中国成立以来，在传统高度集中的计划经济体制环境下，国防科技创新发展呈现高度军事化的突出特征，以研制生产尖端装备为根本任务，基本不涉足民品生产③。虽然传统计划经济体制下国防科技发展战略确保了"两弹一星"的研制成功，促进了我国国防科技创新能力和装备研制生产能力的提升，但是还存在着国防科技创新独立于国家科技创新体系

---

① 习近平．切实加强基础研究夯实科技自立自强根基[N]．解放军报，2023-02-23(001).

② 习近平．在科学家座谈会上的讲话[N]．解放军报，2020-09-12(001).

③ 江苏省国防动员委员会经济动员办公室．国防科技工业体制改革的历史回顾[R]．厦门：国防经济研究中心年会，2008.

之外、游离于国民经济体系之外、科技创新水平和科技资源配置效率不高的弊端，与"大科学"时代的现代科学技术发展趋势不相适应，更与日益健全完善的高水平社会主义市场经济体制环境不相匹配。

伴随着我国经济社会改革步伐的不断加快，发展社会主义市场经济成为经济改革的基本取向。市场经济是开放融合、创新发展的天然土壤。在社会主义市场经济环境条件下，不同市场主体在追逐利润最大化的过程中，无论是传统国防科研生产部门还是社会科研生产部门，都会自然而然地强烈要求打破军品科研生产、民品科研生产两个各自独立、相互封闭的市场体系，构建一个军民相互开放、融合发展的现代科学技术创新体系。在社会主义市场经济环境下，受利益的驱使，越来越多的社会科技力量试图进入装备科研生产领域，与传统国防科研生产部门展开竞争，追逐更大化的利益；传统国防科研生产部门也在不断向国民经济的其他产业拓展，积极开拓民品科研生产市场，不断增强与社会科研生产部门的竞争能力。这些都要求整合军用与民用科技资源，实现军民相互开放、协同创新，推动现代科学技术开放融合发展。

3.2.3 经济发展方式转变的要求

着力推进现代科学技术开放融合发展，是加快转变经济发展方式、提高我国综合国力和国际竞争力的必然要求和战略举措。2016 年 5 月 30 日，习近平总书记在全国科技创新大会、两院院士大会、中国科学技术协会第九次全国代表大会上指出："要深入研究和解决经济和产业发展亟需的科技问题，围绕促进转方式调结构、建设现代产业体系、培育战略性新兴产业、发展现代服务业等方面需求，推动科技成果转移转化，推动产业和产品向价值链中高端跃升。"[1]现代科技进步与创新不但推动了国家高新技术创新、促进了产业结构优化升级，还是社会生产力要素的重要内容。

例如，航空航天科技是典型的军民两用技术，"航空航天产业链长、辐射面宽、连带效应强，在国民经济发展和科学技术进步中发挥着重要作用。以大飞机而言，就能够带动新材料、现代制造、先进动力、电子信息、自动控制、

---

① 习近平. 为建设世界科技强国而奋斗[N]. 人民日报，2016-06-01(001).

计算机等领域关键技术的群体突破，能够拉动众多高技术产业发展，它的技术扩散率高达60%"①。同时，我国是一个人均资源量相对较少的发展中国家。可以说，未来"人口众多、资源相对短缺"的基本国情，决定了我国更需要消除军民分割的壁垒，整合军用民用两种科技资源，走现代科学技术军民相互开放、协同发展道路，通过"一份投入，两份产出"，减少重复建设，优化资源配置，最终实现全面、协调、可持续发展的目标。

3.2.4 适应未来高端战争形态的要求

着力推进现代科学技术开放融合发展，是适应信息化、智能化程度日益提高的未来高端战争形态的创新发展要求。正如恩格斯所讲："一旦技术上的进步可以用于军事目的并且已经用于军事目的，它们便立刻几乎强制地，而且往往是违反指挥官的意志而引起作战方式上的改变甚至变革。"②进入21世纪后，以信息技术为核心的高新技术在军事领域被广泛运用，世界军事变革迅猛发展，战争形态正发生着深刻变化。在传统机械化战争形态下，由于对敌方纵深或后方目标的发现和打击能力有限，作战行动只能按照由前向后、由近及远，沿正面向纵深发展的顺序逐次推进。因此，应用于国防科技创新与军品科研生产领域的科技资源就可以因应战争的威胁方向进行由前向后、由近及远的战略布局。但是，表现为信息化、智能化的未来高端战争正呈现出军民一体、前后方一体的趋势，对经济、科技和社会的依赖性空前增强。这就要求改变传统的国防科技创新与装备发展模式，走现代科学技术开放融合、创新发展之路。

推进现代科学技术开放融合发展，就是要通过构建军民相互开放、协同发展的现代科技创新体系，破解制约各类创新资源要素在国防科技创新体系与国家创新体系之间的樊篱，促进应用于国防科技创新与军品科研生产领域的科技资源向国民经济各个领域进行更深层次的扩散，把潜藏于国民经济各个领域的科技资源向装备科研生产领域聚集，实现有限科技资源的一体化配置，为打赢未来高端战争提供更加可靠的科技资源保障。

---

① 李艳. 航空航天，谁率先突破谁飞得高[N]. 科技日报，2010-03-05(005).

② 恩格斯：暴力论(续)[A]//中共中央编译局. 马克思恩格斯文集(第9卷)[M]. 北京：人民出版社，2009：179.

3.2.5 国防科技创新与装备发展的要求

着力推进现代科学技术开放融合发展，是新时代推进国防科技创新与装备现代化建设的迫切需要。当前，国际形势正处在新的转折点上，国际社会各种战略力量加快分化组合，国际体系进入加速演变和深刻调整的关键时期，国际社会面临百年未有之大变局。在这个前所未有的大变局中，军事领域发展变化广泛而深刻，以信息化、智能化为核心的新军事革命深入发展。这场新军事革命，充分反映了国防科技创新与装备发展的突飞猛进，直接影响着一个国家的军事实力和综合国力，关乎着能否切实把握未来国际军事竞争的战略主动权。

随着我国特色新军事革命的不断推进，国防科技创新活动已经进入"大科学"时代，可以这样说，多学科交叉、集成是当今国防科技创新进步与装备现代化发展的主要手段。信息化战争形态下，大量信息化装备的研制生产也呈现出系统化、集成化、信息化、智能化、高技术化以及高投入等显著特征。例如，嫦娥二号任务实施过程中就有近 40 家军地高校和科研机构参与；北斗导航作为一个重大而复杂的系统工程，直接牵引带动着军地数百家单位、数万工作人员。

推进国防科技创新和装备研制的跨越式发展，需要持建设大国防、依托大科技的观点，改变我国科技资源分散的缺陷，通过更高层次、更广范围、更深程度的有机结合，把整个国家的科技力量组合起来，集聚到一些战略性的重大国防科技项目和高新装备发展战略上，以强强联合实现国防和民用科技关键环节的突破，加速推进现代科学技术军民相互开放、协同发展的步伐。另外，改革开放 40 多年来，国家科技创新的能力和水平大幅度提升，国民经济领域社会科技力量的创新能力和水平在一些领域已经超过军工企业和军工科研院所，也具备了支撑装备发展的基础和能力。

3.3 现代科学技术开放融合发展的科学内涵、基本特征及作用机理

多年来，党和政府始终致力于探索并走出一条推动现代科学技术开放融合

发展的道路，先后颁布实施了一系列关于促进科技军民开放融合发展的方针与政策，军地各有关部门积极贯彻党中央、国务院和中央军委关于军民融合、寓军于民的指示精神，不断探索、勇于创新，在推进现代科学技术开放融合发展上取得积极进展和显著成效。

3.3.1　科学内涵

结合国内外学者关于科学技术、国防科技和军民融合的科学认知，本书研究认为，所谓现代科学技术开放融合发展，就是指基于巩固提高一体化国家战略体系和能力的战略要求，着力破解军民两类科技创新资源相互之间自由流动与优化组合的体制障碍和利益樊篱，积极推动传统国防科技资源向国民经济各个领域扩散布局，以及民用科技资源向国防科技资源的有效转化，促进军用技术与民用技术的相互辐射、嫁接、转化，将国防科技创新体系嵌入国家科技创新体系，实现军用科技创新领域与民用科技创新领域的相互开放、有机耦合和融合发展，最终形成军民相互开放、融合发展的现代科学技术创新体系，确保国防和军队的现代化建设能够从国家科技发展中获得更加深厚的技术支撑和发展后劲，经济建设也能够从国防科技创新中获得更加有力的安全保障和技术支撑。

3.3.2　基本特征

3.3.2.1　共享性

资源共享是现代科技开放融合发展的最显著特征，更是服务于国防建设和经济建设的最直接体现。科技资源的相对有限是推进现代科学技术开放融合发展的内在要求。由于存在"大炮"和"黄油"的取舍关系，在经济社会发展的不同阶段上，与国家安全、发展的需求相比，科技资源总是具有相对的稀缺性。推动现代科学技术开放融合发展，就是要消除军民分割的壁垒，整合军用、民用两种科技资源，推进科技资源军民开放共享、协同合作、融合发展，促进"一份投入，两份产出"，提高科技资源配置效率和使用效率，实现军民共享现代科技创新发展成果。也就是说，现代科学技术开放融合发展，既能够为推进国防科技创新与装备发展奠定更加有力的物质基础，又能够为转变经济发展方式、调整经济结构和促进经济高质量发展提供有效的科技服务。

3.3.2.2 开放性

开放性是现代科学技术开放融合发展的又一突出特征。当前全球经济一体化深入发展，"互联网+"时代的开源创造与分布架构，使现代科学技术创新发展能够有效打破学科条块分割束缚，突破地域限制和传统科研组织边界，充分利用横向科研力量，实现现代科技创新的全面开放、横向合作与协同创新。推动现代科学技术开放融合发展，就是要实现军民科学技术创新领域的相互开放，军民科技资源的相互流动、相互交融、协同合作和创新发展，最终形成一个开放融合发展的现代科学技术创新体系。

3.3.2.3 统一性

所谓统一性，就是指在现代科学技术开放融合发展中实现军民科技创新的统筹兼顾，为实现经济高质量发展和军队高质量建设提供统一的科学技术支撑；或者说通过推动现代科学技术开放融合发展，整合军民科技资源，实现军民协同，合力破解国防和军队现代化建设遇到的"卡脖子"关键核心技术难题，合力发展事关国家安全与发展的前沿性、战略性和颠覆性现代科学技术，为有效应对国际社会百年未有之大变局谋求科技竞争新优势。

实践表明，表现为信息化、智能化的未来高端战争具有作战周期短、突发性强、消耗量大、前后方模糊、军民一体等特点，这在客观上要求现代科学技术创新与军品科研生产必须走军民相互开放、资源共享、协同合作、融合发展的道路，提高包括经济建设和国防建设在内的国家整体建设效益，努力促进经济效益、军事效益和社会效益的有机统一。

3.3.2.4 互利性

推动现代科学技术开放融合发展，既有利于推动经济高质量发展和构建现代经济体系，又有利于创新驱动军队现代化建设和构建适应强军目标要求的现代化军品科研生产体系，具有明显的互利性特征。此外，随着社会主义市场经济的日益发展，无论是民营科技型企业、民用科研院所，还是军工企业、军工科研院所，都在逐步成为市场经济活动的主体。尤其是伴随着国防科技工业的不断改革，科技创新、装备研制部门与装备采办部门事实上已经形成供需两个不同的市场主体，参与国防科技创新和装备研制的军工企业、军工科研院所、民用工业企业、民用科研院所等科技创新资源也在市场经济条件下形成不同的竞争主体，存在各自不同的利益诉求，因此，需要在科技创新部门与装备采办部门之间、参与国防科技创新活动的不同科技主体之间建立合理的利益分配机制，实现不同科技创新主体之间的利益相容或一致，以充分激发军民各类科技创新主体活力，调动其创新积极性。

3.3.2.5　技术双向"溢出"

推动现代科学技术开放融合发展，是军民技术双向"溢出"、相互支撑的内在要求。所谓技术外溢性，是指创新主体所创造的科学知识和技术成果，在不同创新主体之间交流互动的过程中，其他科技创新主体通过学习、借鉴、吸收、消化，进行新的科技创新活动，推出新的科学知识和技术成果[①]。在推动现代科学技术开放融合发展的过程中，军队、军工和民口三大创新系统之间的交流互动、资源共享与协同合作，不仅会加速推动军口所创造的科学知识和技术成果"溢出"到民用工业企业、高校及科研机构等民口创新主体，还会推动民用技术"溢出"到军队和军工创新系统。这种技术的双向"溢出"效应，必然会极大地激发军民各类创新主体的创新发展活力，有力地推动现代科学技术开放融合发展，为巩固提高一体化国家战略体系和能力提供切实可靠的技术装备支撑。

3.3.3　作用机理

3.3.3.1　要素构成

现代科学技术开放融合发展是一项系统工程，涉及面广、波及程度深，既需要整个国家层面的统筹谋划，也需要各地方政府的大力支持配合；既与军队、国防现代化建设息息相关，也与国家、地方经济协调、又好又快发展紧密相连；既包含狭义上的国防科技资源主体——军工企业及其科研院所、军事院校及其科研院所，也牵涉广义上国防科技资源主体——民用工业企业和社会科

---

① 张建清，刘诺，范斐．无形技术外溢与区域自主创新：以桂林市为例的实证分析[J]．科研管理，2019（1）：42-51.

研力量；既涵盖了具有主观能动性的科技人力资源，也包括科技创新活动所需的重要物质基础——科技物力资源和科技财力资源，还包影响主体、客体行为选择及其相互关系的环境因子，诸如制度、经济、文化等。

从整体上看，可以将现代科学技术开放融合发展涉及的诸要素划分为主体、客体和环境三个方面。具体来说，现代科学技术开放融合发展中构成主体的要素主要有国家（或中央政府）、地方政府、军队、军工企业及其科研院所、军事院校及其科研院所、地方高校、民用工业企业、社会科研力量。构成客体的要素主要是资源，具体来说包括科技资源中的人、财、物、组织、信息资源等。构成环境的要素主要包括体制机制、社会文化和经济秩序等。

3.3.3.2 作用方式

现代科学技术开放融合发展涉及的各要素之间既有紧密的联系，又有着各自不同的作用和地位，现代科学技术开放融合发展依赖于在良好的制度环境下主客体之间有着清晰、完整的边界及科学合理的联系途径。

（1）主体要素的作用方式。党和政府协同军队对全局性、导向性、战略性的配置方式和途径进行规划、计划、指导和规制，监督军工企业、民用工业企业及相关科研院所的行为，军工企业、民用工业企业及相关科研院所根据国家安全与发展利益的需要，主动作为，积极推动国家、军队科学规划、有效协调国防科技与民用科技之间的关系，以满足军民不同主体对科技创新的需求，为推动经济高质量发展和军队高质量建设提供切实可靠的、源源不断的创新成果支撑。

（2）客体要素的作用方式。在客体要素中，科技人力资源是现代科学技术开放融合发展最重要、最核心的因素，科技物力资源和科技财力资源的配置状况受科技人力资源的配置状况的影响和制约；科技物力资源是基础，是科技人力资源开展科技活动的工作平台和条件；科技财力资源是科技物力资源形成的根源，也能对科技人力资源的行为构成激励。

当前，面对国际社会百年未有之大变局对国家主权、安全与发展利益带来的挑战，面对日益复杂的国际安全形势和国家安全环境，在推动现代科学技术开放融合发展的过程中，应用于国防科技创新与军品科研生产领域的科技资源，也即国防科技资源居于核心地位，起主导作用，其目标任务首先是满足国防科技创新和装备发展的需要，其次才是尽可能地对民用经济发展起到促进作用；而民用领域的科技资源，要不断加大向国防科技创新与军品科研生产领域扩散，积极为现代科技开放融合发展提供重要补充，逐步形成科技资源一体化配置。只有这样，才能在平时以提升国家整体的科技创新能力为主的基础上带动相关军用领域技术的发展，在战时通过动员等方式迅速将其转为以军用为主。

（3）环境因素的作用形式。体制机制是环境因素的关键要素。体制机制是现代科学技术开放融合发展主体、客体要素良性互动的制度保障，它规定着主体要素的价值倾向与行为选择，决定着主体、客体之间相互作用的方式，也影响着现代科学技术开放融合发展的成败。文化因素是环境因素的核心。文化因素既是影响主体因素能否认同并自觉推动现代科学技术开放融合发展的重要保障，也是科技人力资源能否主动作为，致力于现代科学技术创新，为国防建设与经济建设提供有效支撑的重要保障。经济因素是环境因素的基础。有什么样的经济环境，就有什么样的资源配置方式，也就有与之相适应的科技创新主体与客体的结合方式、作用形式。市场经济是现代科学技术开放融合发展的天然土壤。社会主义市场经济环境是推动现代科学技术开放融合发展的客观选择。

3.4　推动民口科技力量参与国防科技协同创新

允许、鼓励和积极推动涵盖民用工业企业、地方院校及科研院所在内的民口科技力量参与国防科技创新与装备现代化建设，使其拥有的各类科技资源要素向国防科技资源转化，是国际社会百年未有之大变局背景下推动现代科学技术开放融合发展的应有之义，更是构建开放融合发展的现代科技创新体系的战略选择。

3.4.1　民口科技力量与国防科技协同创新的委托代理结构分析

经济学上的委托代理关系，泛指任何一种涉及非对称信息的交易，交易中有信息优势的一方为代理方，另一方为委托方。构成委托代理关系必须具备以下三个条件：一是市场中存在两个相互独立的个体，双方都在一定约束条件下追求自身效用的极大化；二是双方都面临市场的不确定性和风险，双方所掌握的信息处于不对称状态，代理人在交易中掌握的信息多，处于信息优势，委托人掌握的信息少，处于信息劣势；三是代理人的私人信息影响委托人的利益，即委托人不得不为代理人的行动承担风险①。

3.4.1.1 构成委托代理关系的基本条件

在市场经济条件下，民口科技力量参与军事技术装备协同创新是装备采办部门根据相应的政策规定以合同的形式，将采办经费交付给选定的民口科技力量，委托其从事国防科技创新与装备研制的行为，是建立在各自目标利益基础上，通过竞争而形成的以标的物为纽带的契约关系。装备采办部门与民口科技力量的委托代理关系流程如图3-1所示。

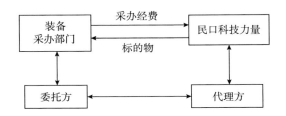

图3-1 装备采办部门与民口科技力量的委托代理关系流程

装备采办部门和民口科技力量作为两个利益主体，达成的装备科研生产合同关系满足构成委托代理理论要求的三个必要条件：

（1）装备采办部门与民口科技力量构成两个相对独立的追逐效用最大化的市场主体。随着社会主义市场经济体制的逐步健全与完善，装备的供给方和需求方不断分离，采办市场不断完善，装备采办部门的市场经济主体地位得到不断加强，民口科技力量参与市场竞争的意识也不断增强。在采办市场上，装备采办部门追求自身效用最大化，在总的采办经费的约束下，从承包商那里购买

---

① 张维迎. 企业的企业家：契约理论［M］. 上海：上海三联书店，1996：7-33.

的产品或服务效益最大；民口科技力量作为独立的市场经济主体，其目标也是追求利润最大化。因此，二者是相互独立的且都是在不同的约束条件下追求自身效用的最大化。

（2）信息不对称度和风险度高。装备采办市场的突出特点就是信息不对称程度高，不确定性因素复杂多变。装备生产技术的先进性、复杂性造成了承制单位与采办部门之间信息的严重不对称，装备采办部门无法完全掌握承包商关于装备性能、生产进度、成本及其努力程度等方面的准确信息，处于完全的信息劣势，面临承包商"拖进度、降指标、涨经费"的风险。对与军事技术装备协同创新的民口科技力量来说，军事技术装备创新发展属于资金、技术和人才密集型的高风险产业，可能面临巨大的沉没成本。所以，从总体上看，民口科技力量与国防科技协同创新的同时，双方都面临着大量的不确定性因素，承担着一定的风险。

（3）逆向选择和道德风险问题。信息经济学认为，信息不对称会导致逆向选择和道德风险问题。一方面，如果民口科技力量参与装备协同研制过程，可能利用自身掌握的军事技术装备创新方面的信息优势，采取欺诈行为，只顾增进自身的效用，故意隐瞒对装备采办部门有利的消息，就会影响武器装备采办部门的利益；另一方面，由于装备采办部门受获取信息成本的影响，可能会选择资质不合格的民口科技力量，所以也存在逆向选择问题。因此，当装备采办部门与民口科技力量达成采办契约时，二者之间符合委托代理关系的构成条件，此时装备采办部门处于信息劣势，是委托方，民口科技力量处于信息优势，是代理方。

3.4.1.2　民口科技力量参与国防科技创新的委托代理结构的特征

科技资源的市场化配置是社会主义市场经济体制改革的必然要求，民口科技力量进入装备研制领域是提高国防科技创新和装备研制能力的客观需要。

（1）民口科技力量是独立的市场主体。目前，我国国防科技创新与装备发展还主要集中在军队科研机构、十大军工集团及其科研院所。国防科技工业部门虽然进行了多次改革，但是由于历史原因，传统军工企业及其科研院所仍然与政府、军队存在着千丝万缕的联系。这就导致军工企业及其科研院所和装备采办部门还没有形成完全意义上的相互独立的市场主体。相比之下，经过改革开放40余年市场经济大潮的冲击，民口科技力量不断发展壮大，市场经济的主体地位完全确立，应对市场风险的意识和能力都在不断提高，与装备采办部门也没有复杂的利益关系。因此，在民口科技力量参与国防科技创新的过程中，装备采办部门的目标比较单一，不必担心资源配置与承包商的生存问题，承包商与装备采办部门能真正形成责任、权力相统一的以及自我约束的装备市场行为主体和利益主体。

（2）可有效减少信息不对称程度。现代经济学认为，竞争是减少信息不对称的有效手段。在社会主义市场经济条件下，装备采办委托代理结构是建立在完善、有效的市场机制基础上的，承包商是在装备采办中通过竞争产生的。由于历史原因，民口科技力量一直无法有效进入军品市场，导致我国军工企业及其科研院所长期处于卖方垄断地位，装备采办部门无法保持对承包商的选择权，长期的成本加成的价格机制不能起到传递承包商的经营状况的作用。承包商经营信息披露不规范、虚假信息严重。这些都提高了装备采办部门监督承包商的成本，加重了承包商损害军队利益的风险。而民口科技力量大多采用现代企业制度，信息披露的真实性和及时性均高于军工企业及其科研院所。

3.4.2 民口科技力量参与国防科技创新的博弈模型建构

在民口科技力量参与国防科技创新所形成的委托代理关系中，需求方是委托方，承包商是代理方。委托方代表国家利益，通过采办合同，在确保装备技术性能指标满足使用要求的前提下，追求产品或服务的质量、价格、完成进度达到最优化的目标。要实现该目标，不仅需要委托方的努力，更需要代理方的努力，如何通过建立和完善相关的激励约束机制，促使代理方按委托方的期望行动，是规范和完善装备科研生产体系的关键问题之一。不同的激励约束机制对代理方行为的影响效果是不同的，而代理方也会考虑采取相应的策略应对委托方的激励约束机制，尽量提高自己的效用。因此，完全可以根据博弈论原理建立装备采办模型，对委托方与代理方自利行为及不同对策带来的结果进行分析，从而揭示装备采办合同中各方行为的特征、后果以及与相关的约束激励机制的相互关系①。

3.4.2.1 假设条件

（1）需求方选定承包商之后博弈开始。

（2）合同的执行采用序贯决策。采办合同的执行不是一次决策，而是需要在一系列时刻点上做出决策，在每一时刻点上，双方都是根据对方前一阶段的决策决定下一阶段的决策，如此一步一步执行下去，比如需求方根据承包商当前的表现来决定下一阶段的激励约束机制措施。

（3）决策具有无记忆性（马尔可夫性）。双方的博弈仅与当前对手采取的策略有关，而与对手以前采取的策略无关。

（4）在合同签订后，承包商付出的努力水平不影响合同本身，而只通过影响成本间接影响合同，承包商从自身利益出发，其策略只能是选择投入工作的努力程度。

（5）需求方根据承包商的努力程度选择激励约束措施。

（6）博弈次数为有限数。

3.4.2.2 模型构建

根据前面的假设，在需求方选定承包商之后，可以用一个 Markov 随机决策模型来描述需求方与承包商的博弈过程。一个 N 阶段的 Markov 随机决策模型由 $\{I, S_P, p_{ij}(n), g_n, R\}$ 五要素系统描述，下面分别说明每一要素的含义：

（1）I 为博弈系统的全体状态组成的集合，称为状态空间。在博弈过程中，需求方根据承包商的努力程度采取相应的激励约束机制。因此，可以把承包商的努力程度作为系统的状态标识。以 $\xi(n)$ 表示在时刻 n 承包商的努力程度，且只取整数值，则承包商的策略集 $S_A = \{e \mid 0 \leqslant e < \infty\}$，约定 e 值越大，代表承包商努力程度越高，则系统状态空间 $I = S_A$。

（2）S_P 为需求方可以采用的激励约束措施，有 k 种（如竞争、监督等），措施集记为 $S_P = \{c(i) \mid i = 1, 2, \cdots, k\}$，在每一个时刻 n，需求方根据承包商的状态 $\xi(n)$，从 k 种激励约束措施中选择一种，称为需求方的动作，记为 a_n，$a_n \in S_P$。由假设条件（3）可知动作 a_n 只依赖于承包商现在的努力情况，即

---

① 夏世进. 民用科技力量进入国防工业市场的博弈分析[J]. 军事经济研究，2007(10)：21-24.

$a_n = f_n(\xi(n))$，其中 $f_n: I \to S_P$。

（3）$p_{ij}(n)$ 为时刻 n 系统转移概率矩阵，在观察点 n，承包商根据需求方的动作 a_n，按 $p_{ij}(n) = P(\xi(n+1) = j \mid \xi(n) = i, \ a_n = f(\xi(n)))$，$i, j \in I$ 调整努力状态。

（4）$g_n(j, c(i))$ 为需求方的效用函数，即 $g_n: I \times S_P \to R$，表示在时刻 n，若承包商的努力程度为 j，需求方选择动作 $a_n = c(i) \in S_P$ 时需求方获得的收益。

（5）R 表示在博弈开始时，若承包商的努力程度为 e，委托人采取策略 π，需求方总的效用函数 $R(\pi, e) = E\left(\sum_{n=0}^{N} g_n(\xi(n), \pi_n) \mid \xi(0) = e\right)$，其中，需求方策略 $\pi = (\pi_0, \pi_1, \cdots)$，是把需求方各个时刻点的动作联合起来，需求方全体的策略集记为 S。

（6）目标函数。若承包商的初始努力状态为 e，则需求方的最优策略为：

$$\nu(e) = \underset{\pi \in S}{\mathrm{argmax}} R(\pi, e)。$$

3.4.2.3　算例演示

这里考虑需求方有多种策略可供选择。设需求方的典型纯策略为加强监督和普通监督两种，分别用 a_1、a_2 表示（这里当然也可用混合策略，只是计算稍复杂些，问题没有实质的变化，也可以认为需求方某一行动组合构成需求方的一个策略，如把需求方的选择投入各个活动资金的组合作为一个纯策略）。设承包商可以选择的纯策略是其工作的努力程度，有三个状态，即消极怠工、中性、努力，分别以数字 1、2、3 表示（同样，这里也可以假设承包商有不同的动作可以选择，将一个动作选择组合看成一个纯策略即可）。设需求方采取相应的策略时，承包商的工作状态的转移概率矩阵如下：

$$\boldsymbol{p}_{a(1)} = \begin{bmatrix} 0 & 1/3 & 2/3 \\ 1/4 & 1/4 & 1/2 \\ 0 & 1/2 & 1/2 \end{bmatrix} \qquad \boldsymbol{p}_{a(2)} = \begin{bmatrix} 1/2 & 1/4 & 1/4 \\ 3/4 & 1/4 & 0 \\ 1/2 & 1/2 & 0 \end{bmatrix}$$

假定开始时承包商以相等的可能性处于这三种状态之一，即初始分布为 (1/3, 1/3, 1/3)。又设承包商处在状态 j 时，需求方采取策略 $a(1)$，获得的效用为 $g(j, a(1)) = j + 2$；采取策略 $a(2)$，获得的效用为 $g(j, a(2)) = j^2 + 1$。这样，由初始分布 $\boldsymbol{\mu}_0 = (\mu_1, \mu_2, \mu_3)$ 及转移概率矩阵列决定了一个三种状态的非时齐的马尔可夫链 $\{\xi_n,\ n\geq 0\}$，ξ_n 表示承包商在时刻 n 所处的努力状态，作为系统的状态。于是需求方在时刻 m 前所得的平均累积报酬即目标函数为

$$E\left(\sum_{n=0}^{m}g(\xi_n,\ a_n)\right)。$$

为方便计算，假设博弈过程只有两个阶段，即取 $m=1$，则所求目标函数为

$$\nu(e)=\underset{\pi\in S}{\arg\max}\left[Eg(\xi_0,\ f_0(\xi_0))+Eg(\xi_1,\ f_1(\xi_1))\right]$$

则有

$$Eg(\xi_0,\ f_0(\xi_0))=\sum_{i=1}^{3}g(i,\ f_0(i))\mu_i$$

从而

$$Eg(\xi_1,\ f_1(\xi_1))=\sum_{j=1}^{3}g(j,\ f_1(j))p(\xi_1=j)=\sum_{j=1}^{3}\sum_{i=1}^{3}\mu_i g(j,\ f_1(j))p_{ij}(f_0(i))$$

即目标函数为

$$V(e)=\sum_{i=1}^{3}g(i,\ f_0(i))\mu_i+\sum_{j=1}^{3}\sum_{i=1}^{3}\mu_i g(j,\ f_1(j))p_{ij}(f_0(i))$$

可以看出，若要选取策略 $e=(f_0,f_1)$ 使目标函数为最大，需从后往前计算，先选取 f_1，使对于任意 j，$g(j,\ f_1(j))$ 最大，对此计算如下：

$$\begin{cases}\text{当}j=1\text{时，}g(1,\ a_{(1)})=3>2=g(1,\ a_{(2)})\\\text{当}j=2\text{时，}g(2,\ a_{(1)})=4<5=g(2,\ a_{(2)})\\\text{当}j=3\text{时，}g(3,\ a_{(1)})=4<10=g(3,\ a_{(2)})\end{cases}$$

可见，要使 $g(1,\ f(j))$ 最大，f_1 的取值应呈如下对应形式：

$$f_1:(1,2,3)\longrightarrow(a_{(2)},a_{(1)},a_{(1)})。$$

将在确定了 f_1 后的最大报酬记为 g^*，其取值为前面计算所得最大值。

则目标函数为：

$$V(e)=\sum_{i=1}^{3}\mu_i\left[g(i,\ f_0(i))+\sum_{j=1}^{3}g^*(j)p_{ij}(f_0(i))\right]$$

下面选取 f_0，使目标函数值最大，为此计算上式括号中 $g(i,\ a_{(1)})+$

$\sum_{j=1}^{3}g^*(j)p_{ij}(a_{(1)})$ 的值并与 $g(i,\ a_{(2)})+\sum_{j=1}^{3}g^*(j)p_{ij}(a_{(2)})$ 进行比较如下：

$$\begin{cases} \text{当 } i = 1 \text{ 时，} 3 + \dfrac{1}{3} \times 5 + \dfrac{2}{3} \times 10 = \dfrac{34}{3} > \dfrac{29}{4} = 2 + \dfrac{1}{2} \times 3 + \dfrac{1}{4} \times 5 + \dfrac{1}{4} \times 10 \\[3mm] \text{当 } i = 2 \text{ 时，} 4 + \dfrac{1}{4} \times 3 + \dfrac{1}{4} \times 5 + \dfrac{1}{2} \times 10 = 13 > \dfrac{34}{4} = 5 + \dfrac{3}{4} \times 3 + \dfrac{1}{4} \times 5 \\[3mm] \text{当 } i = 3 \text{ 时，} 5 + \dfrac{1}{2} \times 5 + \dfrac{1}{2} \times 10 = \dfrac{25}{2} < 14 = 10 + \dfrac{1}{2} \times 3 + \dfrac{1}{2} \times 5 \end{cases}$$

比较各个值的大小，可知 f_0 的取值应成如下对应形式：

$$f_0 : (1, 2, 3) \longrightarrow (a_{(1)}, a_{(1)}, a_{(2)})$$

所以在采办过程中，根据承包商的不同努力状态和所在时间点，需求方的最佳决策是 (f_0, f_1) 所决定的策略。

3.4.3　民口科技力量参与国防科技创新的激励约束机制

通过对民口科技力量参与国防科技创新的委托代理关系分析可知，在社会主义市场经济条件下，民口科技力量参与国防科技创新，是装备采办部门根据政策法规要求以合同约束的形式，将装备采办经费支付给选定的民口科技创新主体，委托民口科技创新主体进行军事技术装备创新发展，这是建立在各自利益诉求的基础之上的，通过市场竞争而形成的以标的物为纽带的委托代理关系。但是，在委托方和代理方之间存在着信息不对称、契约不完备、目标不一致和利益不相容等诸多原因，往往会引致代理人的道德风险和逆向选择问题，使其不能完全遵循委托人的利益要求来切实履行国防科技创新任务。这就需要构建一个激励约束机制，使其行为选择符合委托人的利益要求。

3.4.3.1　构建公平合理的制度保障机制

公平合理的制度是民口科技创新主体愿意并积极参与国防科技创新，进而推动现代科学技术开放融合发展的重要保障。

（1）资质认证机制。民口科技创新主体必须符合军队制定的"资格审查制度"所规定的条件，才能获得承担国防科技创新与装备生产任务的资格。

（2）项目招标机制。实行项目招标制度能够促进民口科技创新主体与军队科研部门、军工企业及军工科研院所之间的竞争，达到降低装备采办经费的目的，提高国防科技财力资源使用效率。

（3）信息交流机制。在民口科技创新主体参与国防科技创新及装备生产的过程中，要不断完善相关公共信息发布平台，强化民口科技力量参与国防科技创新及装备生产的供需信息的收集及交流机制，以最大限度地避免信息交流不对称现象的发生。

3.4.3.2　构建有效的利益激励机制

目前，在民口科技力量参与国防科技创新及装备生产的过程中，委托代理危机的存在主要源于激励的不足。作为代理方的民口科技创新主体，对国防科技创新及装备生产负主要责任，因而承担着主要的风险，如此的对应关系使民口科技力量参与国防科技创新及装备生产的风险过大。所以，根据报酬与风险匹配的原则，承担国防科技创新及装备生产任务的高风险必然要求高的报酬，从而使民口科技力量从内部产生动力，主动加强自我激励，实现激励的最佳方式与效果。同时，委托人与代理人具体行为目标的不一致，造成了代理人的道德风险与逆向选择。然而，参与国防科技创新及装备生产竞争的民口科技力量的生存和发展与委托代理双方的利益都是密切相关的。因此，在既定的委托代理契约条件下，为有效激励代理人，委托人应该适当地让渡一部分增量价值于代理人，使参与国防科技创新及装备生产竞争的民口科技力量能够分享增量价值，以确立委托代理双方的共同目标，产生双赢效果。

3.4.3.3　构建一个科学的风险约束机制。

在信息化战争形态下，日益复杂的信息化装备系统给国防科技创新造成较高的风险。同时，由于我国装备采办市场具有自然垄断性，军队是唯一的采购者，从而形成装备采办市场中的买方垄断现象，造成市场竞争的不充分[①]，给民口科技力量参与国防科技创新及装备生产带来一定的风险。这就需要构建相应的风险约束机制，以有效防控各类风险。

（1）法律风险约束机制。为保证民口科技力量参与国防科技创新及装备生产竞争的健康发展，对申请参与国防科技创新的民口科技创新主体，法律要规定资格条件：民口科技创新主体要具有独立承担民事责任的能力，要具有良好的资信和健全的质量保证体系，要具有履行国防科技创新及装备生产合同的条件和能力。

---

① 姜东良，谢文秀．装备采办市场中寻租行为的博弈分析[J]．当代经济，2017（1）：126-128．

（2）信誉风险约束机制。信誉在民口科技力量参与国防科技创新竞争中起着良好的约束作用。因为委托人的投资是分阶段注入的，若承担国防科技创新任务的代理人表现不好，则下期的资金投入便成了问题。

（3）契约风险约束机制。民口科技力量参与国防科技创新，实质是一种公共部门与私营部门的合作伙伴模式。这种模式强调委托人同代理人加强合作伙伴关系，并以"契约风险约束机制"督促代理人按装备采办部门规定的质量标准进行装备创新活动，装备采办部门则根据民口科技力量的供给质量分期支付采办费用。

3.5　构建开放融合发展的国家科技创新体系

通过对于现代科学技术开放融合发展的概念分析，我们可以看到这样一个事实。推动现代科学技术开放融合发展的战略目标就是构建军民相互开放、资源共享、融合发展的国家科技创新体系，巩固提高一体化国家战略体系和能力，为实现中华民族伟大复兴和建设社会主义现代化强国提供可靠的物质技术支撑。

3.5.1　开放融合发展的国家科技创新体系概述

国家科技创新体系，或称国家创新体系，是一个国家经济建设与国防建设的战略引擎与基础，更是大国竞争的战略抓手。早在2005年，党和政府在《国家中长期科学和技术发展规划纲要（2006—2020年）》（国发〔2005〕44号）中明确指出："国家科技创新体系是以政府为主导、充分发挥市场配置资源的基础性作用、各类科技创新主体紧密联系和有效互动的社会系统。"[①]强调要通过促进"军民结合、寓军于民"来统筹协调军民科技协同创新，为构建开放融合发展的国家科技创新体系创造了条件。

建设开放融合发展的国家科技创新体系，是一个关系到国家安全与发展、

---

① 国务院 . 国家中长期科学和技术发展规划纲要（2006—2020年）［EB/OL］. 国务院公报，2006年第9号 .

国防建设与经济建设的重大战略问题。2012 年 9 月中共中央、国务院印发的《关于深化科技体制改革加快国家创新体系建设的意见》指出，要"统筹技术创新、知识创新、国防科技创新、区域创新和科技中介服务体系建设"，要"完善军民科技融合机制，建设军民两用技术创新基地和转移平台，扩大民口科研机构和科技型企业对国防科技研发的承接范围"①。

当前，随着发展中国家整体崛起，新兴市场国家实力不断壮大，世界经济政治版图正在发生深刻变化，国际社会正在面临百年未有之大变局，各种战略力量分化重组，国际安全环境与发展环境正在发生一系列新变化、新调整，世界主要国家纷纷加大科技创新投入，以谋求科技竞争新优势和国际竞争主动权。百年未有之大变局给我国国家主权、安全利益与发展利益造成一定的冲击和威胁，我们必须未雨绸缪，抢得先手棋，坚持创新驱动战略，统筹各类科技创新资源要素，集聚军民战略科技力量，在更大范围、更深程度、更高层次上将国防科技创新体系融入国家科技创新体系，逐步形成军民相互开放、资源共享、协同合作发展的国家科技创新体系，为巩固提高一体化国家战略体系和能力提供战略支撑。

3.5.1.1 概念界定

国防科技创新体系是国家创新体系的重要构成。关于国防科技创新体系的概念，不同学者从不同角度出发，有着不同的界定。例如，游光荣认为，国防科技创新体系是满足国防和军队现代化建设需要的人员、科研生产单位、科学技术知识、设施及其环境的综合体②。徐晖等认为，国防科技创新体系是由参与国防科研生产的各种实体，通过特定的组织结构和调控制度所组成的网络结构体系③。张文鹏等认为，国防科技创新体系是一项具有复杂性和关联性的系统工程，由企业(包括军工企业和民营企业)、高等院校、研究机构、政府以

---

① 中共中央，国务院. 关于深化科技体制改革加快国家创新体系建设的意见[EB/OL]. http：//www. most. gov. cn/kjzc/gjkjzc/gjkjzczh/201308/t20130823_108132. html.
② 游光荣. 国防科技创新体系的地位与作用[J]. 国防科技，2007(6)：44-45.
③ 徐晖，党岗，吴集. 促进研究型大学融入国防科技创新体系的思考[J]. 科学学研究，2007(6)：50-52.

及中介机构等组成，彼此之间相互联系，构成一个相互作用的网络体系①。唐琼婕和戴伟认为，国防科技创新体系是一个由大学、科研院所、企业、中介机构以及具有"政府管理职能"的部门等要素组成的网络结构体系②。通过梳理国内学术界对于国防科技创新体系的概念界定，本书认为，国防科技创新体系是国家创新体系的重要构成，是基于维护国家主权、安全与发展利益的需要，聚焦国防和军队现代化建设，由包括军事院校、军事科研机构、军工企业、军工院校及其科研机构以及地方工业企业、院校、科研机构等从事国防科技创新与装备发展活动的不同创新主体组成的科技创新网络体系。其中，高等院校、科研院所、军工集团、民用工业企业等各类创新主体是国防科技创新体系的核心要素③。

那么，如何界定开放融合发展的国家科技创新体系呢？

通过借鉴学习国内外学者关于军民协同创新以及国家科技创新体系的相关理论研究成果，本书研究认为，所谓开放融合发展的国家科技创新体系，就是着眼巩固提高一体化国家战略体系和能力的战略需要，坚持国防建设与经济建设统筹兼顾和协调统一，由军队科技创新系统、军工科技创新系统、民口科技创新系统三者之间组成一个相互联系、相互作用、相互转化、有机协同、共同发展的国家科技创新体系（见图3-2），其战略目的是打破传统的军民分割樊篱，统筹协调军民两大创新领域内的企业、科研院所、高等院校、科技中介等不同创新主体，逐步消除各类科技创新资源要素在军民两大创新领域之间自由流动和优化组合的诸多障碍，促进军用技术与民用技术的相互辐射、嫁接、转化，把国防科技创新体系嵌入国家创新体系，最终形成一个国防科技与民用科技相互作用、有机协同、一体规划、一体发展的军民相互开放、资源共享、协同合作发展的国家科技创新体系，为实现国防建设与经济建设统筹协调、巩固提高一体化国家战略体系和能力提供科技支撑。

---

① 张文鹏，张霞，付兴. 高等院校融入国防科技创新体系的研究[J]. 中国市场，2018(21)：173，181.

② 唐琼婕，戴伟. 基于 ANP 的国防科技创新体系综合能力评估[J]. 科技与创新，2019(22)：5-9.

③ 陈璐怡，邵珠峰，等. 过程视角下军民融合科技创新体系分析框架研究[J]. 科技进步与对策，2018(20)：120-127.

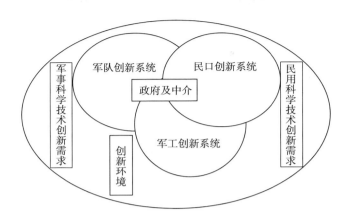

图 3-2 开放融合发展的国家科技创新体系

3.5.1.2 要素构成

由图 3-2 可知，开放融合发展的国家科技创新体系主要是由军队创新系统、军工创新系统和民口创新系统构成，以政府为主导，聚焦军队现代化建设提出的科技创新需求和经济社会发展提出的科技创新需求，充分发挥市场配置创新资源的决定性作用，促进三大创新系统的各类创新主体紧密联系和有效互动，实现创新资源要素的无障碍流动与优化组合。

（1）军队创新系统。军队创新系统是以军事科学院为龙头的军队科研机构，以国防大学、国防科技大学为代表的军队高等院校，以及具有"政府管理职能"的军事科研管理部门等构成的军事技术创新体系，主要包括军队管理的各类创新主体、创新资源、基础设施和创新环境等要素。军队创新系统是我国国防科技创新与装备发展的拳头力量。

（2）军工创新系统。军工创新系统是由以十大军工集团为代表的国防科技工业企业，以哈尔滨工业大学、西北工业大学、哈尔滨工程大学、北京理工大学、南京理工大学、北京航空航天大学和南京航空航天大学为代表的军工院校等各类创新主体构成的军事科研生产体系，主要包括国防科技工业系统的各类创新主体、创新资源、基础设施、中介组织和创新环境等要素。军工创新系统是我国国防科技创新与装备现代化建设的主体或者说是战略力量。

（3）民口创新系统。这里主要指军民二元分离背景下的国家科技创新体系，涵盖以中国科学院为代表的国家战略科技力量，以清华大学为代表的教育部所属高等院校，以中国石化、国家电网、中国建材、中国国新为代表的国资委所管理的央属企业，以华为为代表的民营企业，以及地方高校、地方科研机构、科技中介组织、相关职能管理部门等。民口科研创新力量不仅聚焦国家经济社会发展所提出关键核心技术创新需求，在军民协同创新发展的背景下，积极参与军品科研生产活动，日益成为国防科技创新和装备现代化建设的战略补充，对于构建开放融合发展的国家科技创新体系和巩固提高一体化国家战略体系与能力具有极其重要的意义。

（4）政府。政府是开放融合发展的国家科技创新体系的重要构成要素。在开放融合发展的国家科技创新体系运行过程中，政府不可或缺，甚至扮演着主导者角色。当前，无论是国防建设还是经济建设，都存在着基础科技创新乏力、关键核心技术"卡脖子"、战略性前沿性颠覆性科技创新能力不足等问题，直接影响到国家主权、安全利益与发展利益，需要政府着力构建新型举国体制，坚持政府主导与市场引导相结合，推动各类创新资源要素合理流动、科学组合与优化配置。尤其是信息化、智能化战争形态下，复杂装备系统研制存在较强的技术不确定性、装备采办市场的不确定性、不同创新主体权益分配的不确定性以及相应激励约束机制的不完整等问题，迫切需要政府在政策法律环境塑造和重大基础设施建设上下功夫①，调控甚至是主导开放融合发展的国防科技创新体系的运行。

（5）军队。军队是国防科技创新及装备生产的需求方，是开放融合发展的国家科技创新体系的重要构成要素，其国防科技创新及装备生产的规模与结构，直接影响甚至决定着开放融合发展的国家科技创新体系的规模与结构。军队主要通过需求牵引、装备采购等来影响开放融合发展的国家科技创新体系的运行。

（6）中介组织。科技中介是开放融合发展的国家科技创新体系内三大创新系统之间开展信息沟通、工作协调的桥梁，是不同创新主体之间相互联系、相互作用的重要环节。目前，与西方发达国家相比，我国科技中介服务行业存在

---

①　胡长生. 科技跨越发展的政策选择研究［M］. 南昌：江西人民出版社，2008：170.

规模小、功能单一、服务能力薄弱等突出问题，需要充分发挥高等院校、科研院所和各类社团在科技中介服务中的重要作用，逐步建立社会化、网络化的科技中介服务体系①。

（7）创新环境。良好的创新环境是开放融合发展的国家科技创新体系顺利运行的重要条件。现代科学技术创新进入"大科学"时代，由于其创新环境涉及创新主体多元、创新要素结构复杂、创新风险较高的问题，因此需要着力营造一个有助于不同科技创新主体协同创新的环境。它主要包括政策环境、法律环境、制度环境、竞争环境、文化环境以及创新平台等。尤其是信息化、智能化战争条件下，国防科技创新难度大、风险高，迫切需要营造一个相对宽松、包容的人文环境，允许失败、包容失败②；大力培育追逐绝对收益的心理环境，追逐利益相融、相互合作和协同创新的科研环境，以促进军民各类创新主体竞相迸发创新活力，推动现代科学技术开放协同发展，为巩固提高一体化国家战略体系和能力提供可靠的技术装备支撑。

3.5.1.3 基本特征

（1）主体复杂、要素宽泛。我们知道，开放融合发展的国家科技创新体系是一个涉及军队创新系统、军工创新系统和民口创新系统三大创新系统的网络体系，既涵盖主要承担国防科技创新和军品科研生产任务的军事科研机构、军队院校、军工企业、军工科研机构、军工院校等传统军事科技创新主体及其所拥有的科技资源要素；又涵盖聚焦经济社会发展所提出科技创新需求而展开科技创新活动的以中国科学院为代表的国家战略科技力量，以清华大学为代表的教育部所属高等院校，以中国石化、国家电网、中国建材、中国国新为代表的国资委所管理央属企业，以华为为代表的民营企业，以及地方高校、地方科研机构等所拥有的科技资源要素。在开放融合发展的国家科技创新体系架构下，军民科技创新一体规划、统筹发展，促进军民两大领域科技创新主体间资源要素相互流动、相互合作，协同创新，合力破解国防建设与经济建设面临的"卡脖子"关键核心技术难题，聚力基础科学技术领域以取得原始性重大科技创

---

① 国务院．国家中长期科学和技术发展规划纲要（2006—2020 年）［EB/OL］．国务院公报，2006年第9号．

② 杨尚东．国际一流企业科技创新体系的特征分析［J］．中国科技论坛，2014（2）：154-160.

新，协同攻关事关国家安全与发展全局的战略性前沿性颠覆性科学技术。可以说，国家科技创新体系的创新主体复杂多元，来源渠道非常宽泛。

（2）统一开放。开放融合发展的国家科技创新体系主要聚焦新时代经济高质量发展和全面建成世界一流军队所提出的现代科技创新需求，坚持统一规划、开放共享、协同创新和融合发展的方针。新时代开放融合发展的国家科技创新体系的运行状况，不仅直接影响装备现代化水平和军队战斗力生成质量，还会影响经济高质量发展和全要素生产率的提高，更会影响社会主义现代化强国建设和实现中华民族伟大复兴的中国梦。确保开放融合发展的国家科技创新体系的健康、高效运行，迫切需要加强开放融合发展的国家科技创新体系运行的统一领导，军队、军工以及民口的各类创新主体必须由政府主导，集聚优质科技创新资源要素，聚焦事关国家安全与发展的基础科学技术、关键核心技术和战略性前沿性颠覆性技术开展创新活动。同时，开放融合发展的国家科技创新体系是一个开放体系，一切科学技术创新活动对所有具有相关资质的科技创新主体开放，在经济全球化迅猛发展的背景下，现代科学技术创新活动甚至允许他国相关创新主体、创新资源要素的参与和进入，以加强国际创新合作。

（3）竞争有序。充分竞争是开放融合发展的国家科技创新体系良性运行的关键环节。在开放融合发展的国家科技创新体系架构下，军民各类创新主体要坚持"万类霜天竞自由"的理念，促进军队、军工和民口三大创新系统的各类创新资源要素自由流动、自由组合、公平竞争，从而充分释放各类创新资源要素的活力，促进现代科学技术创新能力的跨越式提升，不断提高关键核心技术供给保障能力。同时，由于国防科技创新事关我国装备现代化水平和战斗力生成质量，事关国防和军队现代化建设进度，更事关国家安全、主权与发展，因此，开放融合发展的国家科技创新体系内不同创新主体间竞争不是无原则、无约束和无底线的竞争，不同创新主体之间的竞争应该是良性竞争、有序竞争，是在一定法律制度框架下的有序竞争，从而提高现代科学技术创新效率和创新质量。

（4）功能多样。从创新体系内在功能上讲，开放融合发展的国家科技创新体系可以说是知识生产、知识传播及知识应用的功能组合。

首先，从任务使命上讲，开放融合发展的国家科技创新体系的首要任务，就是坚持创新驱动战略，整合各类科技创新资源，汇聚优质科技创新力量，推动现代科学技术开放融合、创新发展，夯实基础科学研究基础，不断破解国防建设与经济建设面临的"卡脖子"关键核心技术难题，聚力攻关战略性前沿性颠覆性科学技术，抢占国际科技竞争战略制高点，获取国际科技竞争新优势，为建设社会主义现代化强国和全面建成世界一流军队提供坚实可靠的科技创新支撑。其次，推动现代科学技术创新，实现经济高质量发展和军队高质量建设。当前我国经济发展和军队建设处于关键时期和攻坚阶段，遇到不少矛盾与问题，要突破瓶颈、解决深层次矛盾和问题，实现国防建设与经济建设的高质量发展，根本出路在于创新，关键是要靠科技力量[①]。这就要求开放融合发展的国家科技创新体系在运行过程中，要通过加速推动军用技术向民用技术转化或发展军民两用技术，为经济发展方式转变和经济结构调整提供可靠的现代科技支撑；通过加速推动科技资源一体配置和规划发展，尤其是积极推动优质科技资源向国防科技创新与军品科研生产领域集聚，破解制约战斗力生成的关键核心技术装备难题，使军队建设走上依靠现代科技创新驱动的轨道。最后，开放融合发展的国家科技创新体系还肩负着推动军民科技相互开放、资源共享、协同创新和融合发展，促进国防建设与经济建设统筹兼顾、协调发展以及巩固提高一体化国家战略体系和能力的战略任务。

3.5.2 推进开放融合发展的国家科技创新体系建设

面对国际社会百年未有之大变局，应对日趋激烈的大国军事经济竞争，现代科学技术创新是战略抓手，是抢占国际竞争制高点和谋求国际竞争新优势的关键一招。开放融合发展的国家科技创新体系反映了现代科学技术创新发展规律，适应"大科学"时代和信息化、智能化战争形态下军民科技协同创新发展的要求。构建开放融合发展的国家科技创新体系不仅是一个关系到国防科技创新能力和战斗力生成质量的现实问题，还是一个关系到巩固提高一体化国家战略体系和能力的战略问题，更是一个关系到国家经济建设与国防建设统筹兼顾、协调发展全局的重大问题。

---

① 中共中央宣传部．习近平总书记系列重要讲话读本[M]．北京：学习出版社，2014：66.

3.5.2.1 强化顶层设计，坚持政府主导

构建开放融合发展的国家科技创新体系，破解军事技术创新与民用技术创新、国防科技创新体系与国家创新体系二元分割樊篱，迫切需要在国家层面强化顶层规划与设计，建立健全军民相互开放、资源共享、协同创新和融合发展的国家科技创新的统一领导体制，将分散于军队、军工和民口三大创新系统的科研管理、要素投入权限进行分类合并，实现军民科技创新的一体规划、资源统筹利用。要在国家层面建立科技创新信息发布平台，统筹整合军口、军工和民口三大创新系统的科技创新供给需求信息，实现军民科技创新项目申报的军地统一规划、统一管理和评估。

建设开放融合发展的国家科技创新体系，推进军口、军工和民口三大创新系统的有机协同、一体发展，必须充分体现国家意志，坚持发挥政府的主导作用。由政府站在国家安全、主权与发展全局的高度，统筹规划、统一部署、统一制定阶段目标和具体措施①。

3.5.2.2 厘清不同主体的作用边界，建立以企业为主体的产学研互动机制

在开放融合发展的国家科技创新体系的构成要素中，不同要素扮演着不同角色，有着不同的职能任务。因此，厘清各自的作用边界及其职责范围至关重要。在开放融合发展的国家科技创新体系中，政府角色至关重要，它是政策环境、法律环境和制度环境的塑造者、规则的制定者，其重点任务是为各类创新主体提供公平竞争的创新平台，为创新资源要素的自由流动与优化组合提供可靠的制度保障，为各类创新资源要素活力的竞相迸发提供环境支撑。国防建设与经济建设需求牵引和推动着现代科学技术创新发展。军队和企业作为现代科学技术创新发展的需求方，对于开放融合发展的国家科技创新体系的建设具有强大的需求引导作用。军口、军工和民口三大创新系统的各类科技创新主体是现代科学技术创新市场最活跃的主体，是现代科学技术创新任务的直接承担者，也是现代科学技术创新成果产业化的推动者。

---

① 游光荣. 坚持军民一体化，建设和完善寓军于民的国防科技创新体系[J]. 中国软科学，2006（7）：68-79.

开放融合发展的国家科技创新体系不同创新主体要素之间的关系如图 3-3 所示。

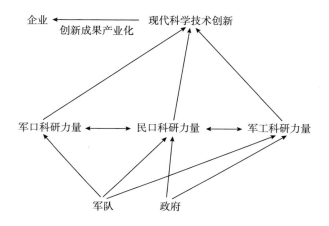

图 3-3　开放融合发展的国家科技创新体系不同创新主体要素之间的关系

在厘清开放融合发展的国家科技创新体系中不同主体作用边界和职能范围的基础上，逐步建立和完善以企业为主体的产学研互动机制。由于传统的军民二元分割所形成的惯性存在，不同创新主体、创新要素的价值取向的差异化，利益诉求的不相容，造成这样一种现象：军队、军工和民口创新系统的各类创新主体之间互动不够、协同不足、合作不力，企业与科研机构、高等院校之间的联系渠道少，交流与合作机会不多。这种现象的存在严重影响了开放融合发展的国家科技创新体系的发展和运行。建立以企业为主体的产学研互动机制，就是要发挥政府的宏观调控作用，通过政策调整、规划引导和创新资源导向配置等措施，形成以企业为主体的企业、科研机构、高等院校良性互动机制①，提高现代科学技术开放融合发展能力。

3.5.2.3　大力发展军民两用技术，推进军民技术双向转移转化

发展军民两用技术是开放融合发展的国家科技创新体系的内在要求和重要

① 孙霞，赵林榜. 军民融合国防科技创新体系中企业的地位与作用[J]. 科技进步与对策，2011(23)：91-95.

目标，更是统筹国防建设与经济建设的战略需要。发展军民两用技术可以有效推动包括军队院校、军队科研机构、军工企业、军工院校和军工科研机构等传统国防科技创新力量主动"走出去"，与民用工业企业、地方高等院校及地方科研机构协同创新，合作开发、开展与市场结合的工作①。同时，还可以通过军民两用技术开发把民口的工业企业、科研机构及高等院校吸纳进来，参与国防科技创新活动，逐步形成开放融合发展的国家创新体系和国家工业体系。

推进军用技术与民用技术的双向转移转化，需要注重发挥市场在资源配置中的决定性作用。建立健全军用技术与民用技术相互转移的机构，统筹协调不同主体、不同部门之间的利益关系和目标选择，通过营造公开、公平、公正的竞争环境，充分激活军口、军工、民口三大创新系统之间各类创新主体的活力，调动民用工业企业、民口科技力量等各类承包商参与国防科技创新的积极性和创造性，尤其是让大量技术优势明显、创新能力强、安全保密好的优秀民营企业，能够便利进入国防科技创新市场参与竞争。同时，既要发挥政府的宏观调控作用，又要发挥市场在资源配置中的决定作用，创造竞争规范有序的市场环境，将军品市场扎根民用市场之中，从技术计划、知识产权政策、进入门槛等方面进行改革，促进军用与民用科技资源和能力的相互流动、相互渗透，实现科技资源一体化配置，促进现代科学技术开放融合发展。

---

① 谭清美，王子龙. 军民科技创新系统融合方式研究［M］. 北京：科学出版社，2008：165.

④

科技资源一体化配置
行为策略与效率评价

任何一个国家无论是推动经济社会发展，还是推动国防和军队现代化建设，人们普遍关心的一个问题是，如何以有限的资源供给去更好地满足人民日益增长的安全需求与福利增进需求。因此，资源配置效率问题一直是经济学研究的核心内容和重要问题。科学技术是第一生产力，更是现代战争的核心战斗力，是生产力发展和战斗力生成的倍增器。在现代科学技术开放融合发展中，军用与民用科技资源一体化配置效率不仅是一个国家现代科学技术创新能力的集中体现，更是一个国家国际经济竞争力、军事竞争力以及综合竞争力的集中体现。只有不断优化科技资源配置，提高科技资源一体化配置效率，才能将有限的科技资源发挥出最大效用，这不仅有助于增强我国科技创新能力，还有助于推动经济发展方式转变和军队建设转移到创新驱动轨道上来，实现经济高质量发展和军队高质量建设。

改革开放以来，尤其是随着社会主义市场经济体制的不断健全和完善，我国科技资源一体化配置充分体现出市场的决定性作用，尤其是军用与民用科技资源相互流动、优化组合和资源共享，军民科技成果相互转化、相互支撑，军民科技力量相互合作、协同创新和发展，我国科技创新市场的竞争环境进一步优化，竞争更加充分，为资源配置结构优化、效率提升奠定基础。军品科研生产领域的市场竞争也更加充分。但是，我们也要看到，在科技资源一体化配置过程中，依然存在着一些因素，影响着甚至是制约着科技资源配置效率的提升。

由于开放融合发展的国家科技创新体系涵盖军队、军工和民口三大创新系统，创新主体复杂、创新资源多元，因此，如何分析评价科技资源一体化配置效率，是一个比较难以处理的问题。由于资料获取难度大、保密要求高，军队创新系统科技资源配置效率评价难度非常大。这是个客观存在而又不得不回避的问题。关于军工创新系统的科技资源配置效率问题，笔者曾在拙著《国防工业科技资源配置及优化》中，以航空航天部门为例，运用DEA分析工具，从国内、区域、省域等不同层次展开分析，并得出一定结论。在开放融合发展的国家科技创新体系框架下，民口科技创新系统在参与军事技术装备创新及生产过程中，其科技资源配置效率，在一定程度上能够反映科技资源一体化配置效率。为此，笔者选择参与军事技术装备创新及生产任务的民口创新系统内的民营企业为问题研究的突破口，以具有一定代表性的 87 家承担军事技术装备创新及生产任务的上市民营企业为例，通过测算 Malmquist 指数来建立"参军民企"的科技资源配置效率评价体系，并对其科技资源配置效率进行评价与分析，希望能为科技资源一体化配置效率和开放融合发展的国家科技创新体系运行质量的不断提升提供理论支撑。

4.1 科技资源一体化配置的概念界定与主要特征

人类社会发展实践证明，科学技术是国家强盛之基，创新是民族进步之魂，科技创新是提高社会生产力、军队战斗力和综合国力的战略支撑。进入新时代，国际社会面临百年未有之大变局，新一轮科技革命、军事革命和产业革命孕育兴起，国际经济、军事、政治格局正在发生历史性变化，大国竞争尤其是科技竞争日趋加剧，国际安全环境与发展环境不确定因素不断增多。在这种情况下，谁能够占据先机和主动，谁能够率先抢占科技创新制高点，不断增强科技创新能力，谁就能够在日趋激烈的综合国力竞争中获得优势。整合军民科技资源，汇聚军民科技力量，推进现代科学技术开放融合发展，构建开放融合发展的国家科技创新体系，增强现代科学技术自主创新能力，不仅事关经济高质量发展和现代经济体系建设，还事关装备现代化建设水平和军队战斗力生成质量，更直接关系到国家主权、安全利益与发展利益，关系到国家综合国力和国际竞争力。

4.1.1 概念界定

2020 年 3 月 30 日，《中共中央国务院关于构建更加完善的要素市场化配置体制机制的意见》强调，完善要素市场化配置是建设统一开放、竞争有序市场体系的内在要求，是坚持和完善社会主义基本经济制度、加快完善社会主义市场经济体制的重要内容。在我国社会主义市场经济不断发展的时代背景下，由于高新技术的军民通用性特征越来越明显，再加上统筹协调一体化推进国防建设与经济建设、巩固提高一体化国家战略体系和能力的战略安排，客观上要求加速推进现代科学技术开放融合发展，构建开放融合发展的国家科技创新体系。因此，打破军民二元分割樊篱，充分利用全社会的科技资源，推进军民科技资源一体化配置，推动军民科技资源自由流动、合理组合和科学配置，推动军民不同创新主体相互合作、相互促进和协同创新，实现军民科技创新统筹规划、融合发展，已经成为新时代中国特色社会主义建设越来越迫切的要求，是建设社会主义现代化强国和实现中华民族伟大复兴的战略需要。

当前，现代科技创新，尤其是信息技术装备和智能化装备创新，涉及的学科领域越来越多，系统日趋复杂，投入成本日益增加，单一的科技创新主体无法承担，迫切需要通过军民科技资源一体化配置，以有效突破不同科技创新主体间有形或无形的壁垒，高效集成军队、军工和民口三大创新系统的各类科技资源和要素，构建开放融合发展的国家科技创新体系，实现现代科学技术开放融合发展，切实增强我国整体科技创新能力，尤其是实现关键核心军事技术的整体突破，为全面建成世界一流军队、建设社会主义现代化强国和实现中华民族伟大复兴奠定坚实的物质技术基础。

科技资源一体化配置作为一种新的科技资源配置方式，其概念如何界定？这是本书关注与研究的重点。本书研究认为，所谓科技资源一体化配置，其实质是军民科技资源一体化配置，是指在经济建设与国防建设统筹协调一体化发展的框架下，基于巩固提高一体化国家战略体系和能力的战略需要，站在维护国家安全利益与发展利益的战略高度，立足军民科技协同创新发展的科技资源基础，着力推进军民科技资源的有机融合，实现军民科技资源的优化组合、高效配置和科学使用，把国防科技创新投资嵌入国家创新体系，实现国防科技创新体系与国家创新体系的有机耦合、融为一体，最终形成开放融合发展的国家科技创新体系，以期更好地满足维护国家主权、安全利益与发展利益的需求。

4.1.2 主要特征

学习借鉴国内学术界关于军民协同创新的相关分析，结合科技资源的经济资源属性和国家战略资源属性，本书研究认为，在开放融合发展的国家科技创新体系架构下，科技资源一体化配置具有以下特征。

4.1.2.1 战略性

科技资源是现代科技创新与生产工具发展的物质基础，是国家安全与经济社会发展的重要保障，尤其是应用于军事科技创新与军品科研生产的科技资源，其配置方式、配置效率不仅直接关系到国防科技创新能力和装备现代化建设质量，还直接关系到国家科技创新竞争力和经济高质量发展，影响到国家主权、安全与发展，具有非常高的战略地位。作为科技资源配置的一种重要方式，科技资源一体化配置主要是围绕国家安全与发展的重大战略需求，通过对军队、军工和民口三大创新系统内的不同科技创新主体的科学整合与有机集成，促进分散于不同领域、不同部门、不同行业的科技资源相互流动、优化重组和科学使用，以提高科技资源配置效率和使用效率，提高科技创新能力和关键核心技术供给保障水平，为推动经济高质量发展和军队现代化建设提供坚实可靠的科技支撑，为巩固提高一体化国家战略体系和能力、全面建成世界一流军队、建设社会主义现代化强国和实现中华民族伟大复兴奠定基础。

4.1.2.2 系统性

面对国际社会百年未有之大变局，大国竞争日趋加剧，尤其是国际军事领域在新一轮科技革命的推动下，新一轮军事革命浪潮扑面而来，人工智能、量子信息、大数据、云计算等前沿科技创新成果应用于军事领域，大量无人作战平台和智能化装备系统呈现在世人面前，并开始投入现代战场和影响现代战争。

以人工智能、量子信息、大数据、云计算等为代表的前沿性、战略性、颠覆性科技创新和以智能化装备为代表的大型现代装备系统研制，是一个极其复杂、极其困难的系统工程，依靠传统单个主体的散兵作战或浅层互动很难有突破性的进展，而分散于军队创新系统、军工创新系统和民口创新系统的不同科技创新主体间的相互协同和科技资源要素的共享，能够加速现代科技创新与智能化装备系统研制活动的进程，并且很可能带来"1+1>2"的协同效果。同时，基于信息化智能化条件下科技创新与装备发展需求，科技资源一体化配置就是通过系统集成分散于不同领域、不同部门、不同行业间的各种科技资源要素，推动政府、军队、军工企业、国民教育、地方科研和民用工业企业等不同系统的不同科技创新组织或部门间科技资源的彼此渗透、相互融合，促进各种科技资源的有机整合和高效流动,推动现代科技开放融合发展和构建开放融合发展的国家科技创新体系。

4.1.2.3 开放性

良性运行的国家科技创新体系应当是一个开放的体系①。开放融合发展的国家科技创新体系,必然要求科技资源一体化配置系统也应该具有开放性。由于现代科学技术创新,尤其是国防科技创新关系到国家主权、安全利益与发展利益,长期以来,我国国防科技创新活动及其科技资源配置一直是实行封闭运行、计划配置的管理体制,即由国家指定的科技创新主体,主要是军工企业、军工科研院所、军队院校和军队科研院所,根据国家指令性计划要求,配置各种科技资源,从事各项国防科技创新与装备研制活动。与传统的科技资源配置方式相比较,科技资源一体化配置的开放性程度非常突出,不仅有军工企业、军工科研院所、军队院校和军队科研院所等传统科技资源的参与,更是遵循市场在资源配置中起决定性作用的配置要求,在全国范围内寻求地方高校、地方科研院所、民用工业企业等社会科技资源的协同合作。有些重大国防科技创新与装备研制项目(如中巴合作的枭龙战机项目)甚至走出国门,实现科技资源在几个国家中或者是在全球范围内进行配置,推动不同科技资源的跨国整合与不同科技创新主体的国际协同合作。

4.1.2.4 多元性

在开放融合发展的国家科技创新体系架构下,科技资源一体化的配置方式改变了传统的科技资源配置规模与结构,使得科技资源配置规模突破资源有限性的约束,配置规模加速扩大;配置结构则呈现多元性、复杂性、开放性和竞争性特点。在传统军民科技二元分离的情况下,国防科技创新与武器装备研制活动往往局限于军工企业、军工科研院所、军队院校和军队科研院所等有限的传统国防科技资源;而适应开放融合发展的国家科技创新体系要求的科技资源一体化配置方式改变了科技资源相对比较单一的局面,不仅把具备相关国防科技创新和装备研制能力的国内地方高校、地方科研院所及民用工业企业的科技资源纳入国防科技创新和装备研制的活动范围内,使其成为国防科技创新和装

---

① 林学军. 基于全球创新链的军民融合创新体系研究[J]. 南京政治学院学报, 2018(6): 63-70.

备研制活动的新生力量，甚至把其他国家或地区的国防科技资源也纳入国防科技创新和装备研制活动中，使其作为我国传统国防科技资源的重要补充。

4.2 科技资源一体化配置的行为策略

党的二十大报告强调，"完善科技创新体系"①，"加快实施创新驱动发展战略"，要"强化企业科技创新主体地位，发挥科技型骨干企业引领支撑作用，营造有利于科技型中小微企业成长的良好环境，推动创新链产业链资金链人才链深度融合"②。企业，作为国家技术创新体系的核心，充当着科技创新主体地位，企业作为国家技术创新体系的核心，当然也是开放融合发展的国家科技创新体系中重要的行为主体之一。这里所说的企业，主要界定为军工企业和民用工业企业。研究发达国家的军工企业结构可以看出，"二战"后，发达国家军工企业的主要发展方向是军民通用的双重结构。据统计，国外军事装备技术中85%是现代军事核心技术，同时也是民用关键技术。在美国国防部和商务部列出的关键技术中，有80%是军民重叠的技术，95%的军事通信利用了民间网络；美国实施军事装备政府招标采购制度，大约有1/3的民用企业不同程度地参加了军品科研和生产，整个美国有60%的科学家和工程师都不同程度地参加过军事技术装备创新及生产工作③。现今，我国民间高新技术企业也迅速发展了起来，在材料、电子、计算机等方面，其技术水平和研发本领丝毫不亚于军工企业，甚至在某些领域已经超越了军用水平，由此，地方企业参与军用技术研发势必会具有很多优势。另外，在一定技术条件下，一个国家的科技资源总量总是有限的。国防建设和军队现代化建设水平往往体现着一个国家整体的科技发展水平，尤其是在信息化、智能化条件下日益复杂的现代化装备系统研制生产，如航空母舰、卫星导航系统等，都需要集中国家最先进的科技资

① 习近平．高举中国特色社会主义伟大旗帜　为全面建设社会主义现代化国家而团结奋斗：在中国共产党第二十次全国代表大会上的报告[M]．北京：人民出版社，2022：35.

② 习近平．高举中国特色社会主义伟大旗帜　为全面建设社会主义现代化国家而团结奋斗：在中国共产党第二十次全国代表大会上的报告[M]．北京：人民出版社，2022：35-36.

③ 陈建．如何加强军民科技资源集成融合[N]．学习时报，2012-08-27(007).

源。在总科技资源有限的情况下，如果军用和民用相互隔离，科技资源过分向军用倾斜而忽略一般社会需求，就会导致国防建设和经济建设头重脚轻，最终经济会因为无力支撑过分强大的国防而无法持续发展；如果强大的经济力量无法形成必要的国防实力，也会影响国家安全，影响国际地位和国际影响力的提高。为了保证国防建设与经济发展的平衡，必须使有限的科技资源被充分地利用，只有对科技资源进行合理配置，才能保证最优的使用效率。因此，必须要求科技资源一体化配置，实现军队、军工企业与民用工业企业之间科技资源共享。只有这样，才能打破"大炮"和"黄油"的魔咒，促进现代科技开放融合发展，实现国防建设与经济建设的统筹兼顾和协调发展。

4.2.1　工业企业间科技资源一体化配置行为策略分析

在开放融合发展的国家科技创新体系的引导下，工业企业相互之间（主要是指军工企业和民用工业企业）可以在一定程度和范围内进入对方的领域，实现科技资源一体化配置。要实现军工企业和民用工业企业之间科技资源一体化配置，第一步也是最关键的一步，就是军工企业和民用工业企业双方都要有相互合作、协同创新、共谋发展的意愿。只有在军工企业和民用工业企业双方愿意合作的基础上，才能进行科技资源更进一步整合与一体化配置，促进现代科技开放融合发展，增强现代科技自主创新能力，尤其是国防科技创新发展，提高装备现代化水平和军队战斗力生成质量。而在军工企业和民营企业双方科技资源一体化配置的过程中，政府是整个科技资源一体化配置体系的牵引者和维护者，政府的激励机制起着十分重要的作用。接下来，本书就政府是否提供激励机制与军工企业、民用工业企业是否选择合作三者的行为策略进行分析。

4.2.1.1　前提假设

（1）行为假设。假设政府部门、军工企业、民用工业企业三方是理性的。其中，军工企业是指传统的国防科研主体，民用工业企业是指能提供新生科技资源的主体。政府部门存在激励和不激励两种行为策略，概率分别为 P_0、$1-P_0$；军工企业有合作和不合作两种策略选择，概率分别为 P_1、$1-P_1$；民用工业企业也有合作和不合作两种策略选择，概率分别为 P_2、$1-P_2$（其中，$P_1=0$ 或 1）。

（2）收益假设。对军工企业而言，与拥有先进科学技术的民用工业企业合作，能够缩短技术开发的时间，并提高市场转化的效率，其科研成果还可军民两用，从而获取外溢效应；对民用工业企业而言，科技资源的共享可以发挥军事生产能力的民用潜力，促使军用技术成果向民用市场转移，加快提升民用工业企业的竞争力。因此，军工企业与民用工业企业进行合作能够使双方获得更多的收益，并且两者的合作相较于普通企业之间的合作能够给对方带来更广阔的市场，发现更多科技创新的领域，这也成为军工企业与民用工业企业愿意相互合作的最关键原因。

另外，政府的激励起着至关重要的作用，在我国市场经济发展还不十分完善的阶段，市场机制发挥资源配置的决定性作用所需的平台条件比较脆弱，政府的激励不仅能够提高军工企业与民用工业企业科技资源合作的收益，而且能够增强民用工业企业进入军工市场的信心，帮助经济主体有效抵御各类风险。因此，在政府提供激励的情况下，军工企业与民用工业企业选择科技资源合作，可以得到政府激励所提供的额外收益。但是，同样在政府提供激励的情况下，若军工企业与民用工业企业不选择科技资源合作，相当于企业放弃了能获得额外收益的机会成本，会造成额外的损失。不仅如此，政府激励不仅能给军工企业与民用工业企业双方带来效益，还能够借此增加整体社会福利，减少资源、技术和人才军民双向共享不足的问题，促进国防需求更好地融入地方经济社会发展的规划中，使国防建设更加充分地利用地方经济社会的发展成果，从而增加政府部门的经济效益。

由此，可假设：在不存在政府激励的情况下军工企业与民用工业企业不合作获得的正常收益分别为 π_1、π_2；合作带来额外的收益分别为 R_1、R_2；在存在政府激励的情况下，军工企业与民用工业企业选择合作可以得到政府提供的额外收益分别为 r_1、r_2，选择不合作造成的额外损失分别为 f_1、f_2；政府部门因军地科技资源一体化配置提高社会创新能力所获得的收益为 S。

（3）成本假设。军工企业与民用工业企业进行科技资源合作以及政府提供激励都需要付出相应的成本。

首先，军品和民品的要求不一致，通常军品的要求会相对较高。对军工企业而言，要将军工产品转化成民用产品，则需要降低标准，而这个标准很难把握，既要考虑不泄露机密的问题，又要考虑所生产的产品是否满足市场的需求；对民用工业企业而言，要想进入军工市场也有着很大程度上的障碍，由于军工体系都是一个相对封闭的体系，国内民用工业企业进入国防产业存在较为显著的技术、政策壁垒。

其次，在几乎两个相互独立的市场上，缺乏规范的信息沟通渠道。民用工业企业对军工企业以及国防工业市场的需求信息掌握很少，军工企业也不能及时了解民用工业企业是否拥有其需要的产品和技术，许多产品需求牵引不明确，而双方之间沟通较少，导致在国防工业市场以及民用工业市场上都存在着大量的供需信息不对称问题。这些都是军工企业与民用工业企业在科技资源合作中要考虑的成本问题，合作追求的是双方利益最大化，而不是一方利益最大化，合作是为了带来更多的利益，但同样需要付出相应的成本。

因此，可以假设：军工企业与民用工业企业在进行科技资源合作中付出的成本分别为 c_1、c_2；政府提供激励机制付出的成本为 c_0。

4.2.1.2 矩阵建立

政府有提供激励和不提供激励两种情况，军工企业与民用工业企业分别有合作与不合两种选择，因此一共存在八种情况。首先，考虑政府提供激励的情况：当双方都选择合作时，对军工企业而言，其收益为 $\pi_1+R_1+r_1-c_1$；对民用工业企业而言，其收益为 $\pi_2+R_2+r_2-c_2$；政府的收益为 $S-c_0$。当军工企业选择合作、民用工业企业选择不合作时，军工企业的收益为 $\pi_1+r_1-c_1$；民用工业企业的收益为 π_2-f_2；政府仅付出了成本而无法获取利益，因而其收益为 $-c_0$。其他情况同此分析。

在上述假设中，政府、军工企业、民用工业企业三方的收益矩阵如表4-1所示。

表4-1　政府、军工企业、民用工业企业收益矩阵

博弈主体的选择		政府部门激励 P_0	政府部门不激励 $1-P_0$
军工企业合作 P_1	民用工业企业合作 P_2	$(\pi_1+R_1+r_1-c_1,$ $\pi_2+R_2+r_2-c_2,\ S-c_0)$	$(\pi_1+R_1-c_1,\ \pi_2+R_2-c_2,\ S)$
	民用工业企业不合作 $1-P_2$	$(\pi_1+r_1-c_1,\ \pi_2-f_2,\ -c_0)$	$(\pi_1-c_1,\ \pi_2,\ S)$
军工企业不合作 $1-P_1$	民用工业企业合作 P_2	$(\pi_1-f_1,\ \pi_2+r_2-c_2,\ -c_0)$	$(\pi_1,\ \pi_2-c_2,\ S)$
	民用工业企业不合作 $1-P_2$	$(\pi_1-f_1,\ \pi_2-f_2,\ -c_0)$	$(\pi_1,\ \pi_2,\ 0)$

4.2.1.3　策略选择

（1）在政府提供有效激励的条件下。军工企业选择合作与不合作的期望收益为 E_{11}、E_{12}：

$$E_{11}=P_2(\pi_1+R_1+r_1-c_1)+(1-P_2)(\pi_1+r_1-c_1)=P_2R_1+\pi_1+r_1-c_1$$

$$E_{12}=P_2(\pi_1-f_1)+(1-P_2)(\pi_1-f_1)=\pi_1-f_1$$

则军工企业期望收益为

$$\overline{E}_1=P_1E_{11}+(1-P_1)E_{12}=P_1(P_2R_1+\pi_1+r_1-c_1)+(1-P_1)(\pi_1-f_1)$$

当军工企业选择合作，即 $P_1=1$ 时，平均期望收益为

$$\overline{E}_{11}=P_2R_1+\pi_1+r_1-c_1$$

当军工企业选择不合作，即 $P_1=0$ 时，平均期望收益为

$$\overline{E}_{12}=\pi_1-f_1$$

因此，军工企业选择合作与不合作的平均期望之差为

$$\Delta E_1=\overline{E}_{11}-\overline{E}_{12}=P_2R_1+r_1+f_1-c_1$$

同理可得，民用工业企业选择合作与不合作的平均期望之差为

$$\Delta E_2=P_1R_2+r_2+f_2-c_2$$

（2）在政府不提供有效激励的条件下。同上分析，军工企业选择合作与不合作的期望收益为 E'_{11}、E'_{12}：

$$E'_{11}=P_2(\pi_1+R_1-c_1)+(1-P_2)(\pi_1-c_1)=P_2R_1+\pi_1-c_1$$

$$E'_{12}=P_2\pi_1+(1-P_2)=\pi_1$$

则军工企业期望收益为

$$\overline{E}'_{11}=P_1E'_{11}+(1-P_1)E'_{12}=P_1(P_2R_1+\pi_1-c_1)+(1-P_1)\pi_1$$

当军工企业选择合作，即 $P_1=1$ 时，平均期望收益数为

$$\overline{E}'_{11}=P_2R_1+\pi_1-c_1$$

当军工企业选择不合作，即 $P_1=0$ 时，平均期望收益为

$$\overline{E}'_{12}=\pi_1$$

因此，军工企业选择合作与不合作的平均期望之差为

$$\Delta E'_1=\overline{E}'_{11}-\overline{E}'_{12}=P_2R_1-c_1$$

同理，民用工业企业选择合作与不合作的平均期望之差为

$$\Delta E_2' = P_1 R_2 - c_2$$

4.2.1.4 结论分析

从上面的分析很容易看出，$\Delta E_1 > \Delta E_1'$、$\Delta E_2 > \Delta E_2'$，即在政府激励的条件下，军工企业与民用工业企业双方选择一体化配置科技资源的平均期望更高。

另外，军工企业与民用工业企业双方选择合作的条件为 $\Delta E_1 \geqslant 0$、$\Delta E_2 \geqslant 0$（有激励条件下）或 $\Delta E_1' \geqslant 0$、$\Delta E_2' \geqslant 0$（无激励条件下）。可以看出，影响军工企业与民用工业企业双方合作的因素有以下几种。

（1）一方合作下另一方愿意合作的意愿，通常这与科技资源在军用部门和民用部门间相互转换的难易程度有关。

（2）军工企业与民用工业企业双方合作能够得到的额外收益 R，通常军工企业与民用工业企业双方将选择能够对其产生最大收益的资源进行整合，这在很大程度上取决于双方是否能够达成共同的利益目标。

（3）在政府部门提供激励的前提下，有两个方面起决定性作用：一方面是军工企业与民用工业企业双方选择合作得到政府激励所提供的收益 r，该收益主要取决于政府激励对企业的效应，因而政府应该对企业提供有效的激励机制；另一方面，军工企业与民用工业企业在选择不合作时将承受的额外损失 f，当 f 越大时，双方越会选择合作的策略，因而政府还要让企业充分认识到不合作存在的弊端。

（4）企业在科技资源融合中需要付出的成本 c，通常该成本是指民口科技资源进入军工市场的障碍成本以及信息不对称成本。

4.2.2 工业企业科技资源一体化配置难题

通过分析，军工企业和民用工业企业间科技资源合作的发展需要各方面的共同作用。事实上，在现实中军工企业和民用工业企业科技资源的合作远远没有达到我们国家军事技术装备创新发展的要求，科技资源存在着一体化配置难的问题。根据以上的策略选择分析，结合当今军工企业和民用工业企业科技资源一体化配置的现状，可以认为以下几个方面是导致军工企业和民用工业企业科技资源一体化配置难的主要原因。

4.2.2.1　政府激励措施不到位

由 $\Delta E_1 > \Delta E_1'$、$\Delta E_2 > \Delta E_2'$ 可知，政府激励在军工企业和民用工业企业科技资源合作中占据着重要的分量。但是当前，我国政府的激励机制不健全，导致军工企业和民用工业企业科技资源一体化配置滞后。首先，国防科技知识产权归属问题不明确。在国防科技发展的有关规定中指出，国防科技的成果归国家所有，但是责、权、利在参与国防科技创新过程的所有主体中应当如何分配还未能达到一个具体的共识，因此，国防科研创新的成果无法充分体现参与主体的智力价值，也无法给参与主体一个明确的产权所有保证，使激励作用难以发挥，不利于调动国防科研主体的积极性。其次，国防科研财政投入的分配不合理。我国国防科研经费仅有约 1/3 被真正地用在了国防科技创新上，不能给地方企业进入军工市场共同参与科技研究以充分的保障。一些拥有大型基础设施的企业由于要承担一定风险，且获得的政府财政支持不充足，因而无法产生充足的动力进行军民科技资源的共享，不利于国防科技创新的进步。因此，在激励机制不到位的情况下，民用科技领域的资源和高水平科研人才无法得到充足利用，从而严重影响了国防科研领域高水平创新活动的开展。

4.2.2.2　科技资源的军民分离

由以上分析得知，军、民双方是否选择合作通常与科技资源在军用部门和民用部门间相互转换的难易程度有关。实际上，军民科技资源的一体化配置对双方都是有好处的，在科技创新项目上军民科技资源的共享会给双方带来更快速的发展，民用科技资源能够给军用科技资源注射更强大的活力，军用科技资源能够给民用科技资源提供更广阔的市场。因此，军民双方，在一些科技创新上存在着资源共享、相互合作的意愿，但由于缺乏规范的信息沟通渠道，军工市场以及民用市场上都存在着供需信息不对称的问题。另外，军用科技资源具有相对的独立性和封闭性，在一定程度上影响了军民科技资源的整合，隔断了军民科技要素间的联系。传统军民分割、条块分割的管理方式，使得民用科技资源与军用科技资源缺乏正规的信息共享有效渠道，军地管理体系方面存在的不同导致供需信息不对称，这成为阻碍军工企业和民用工业企业科技资源一体化配置的重要原因。

4.2.2.3 利益追求不一致

军民双方合作能够得到的额外收益 R 很大程度上也影响着双方合作的意愿，利益是军工企业与民用工业企业科技资源合作中的重要考虑因素。政府追求的目标是国家安全与发展，而民用工业企业追求的目标则是利润最大化，因此必然会存在科技资源一体化配置中的利益冲突。在市场经济条件下，民用工业企业将是否获利以及获利多少作为进入军工市场所考虑的首要因素，然而军工企业生产的大部分是用于保障国家安全的军事技术装备，通常军队对军事技术装备的需求量十分有限，在生产上并不一定能达到规模经济，因而难以获得高效益。另外，军事技术装备对技术、性能等方面都有着一些特殊要求，其生产成本一般较高，在这种情况下，民用工业企业既付出了高昂的成本又不能得到足够的回报，其盈利水平必然会受到严重的影响。

此外，民用工业企业通常与国外的一些高新技术行业有合作关系，为防止机密泄露或出现与国家安全问题有关的敏感问题，民用工业企业就会慎重选择与国内军工企业建立科技资源共享的机制。正如华为进军美方市场、中兴进军印度市场，都尽力避免与国内军工企业存在联系。因此，民用工业企业在发现与军工企业进行科技资源融合后获利甚微的情况下，也就更愿意将其科技资源投入更有利可图的市场当中去，其与军工企业的合作机会也就更少了。

4.2.2.4 军方市场准入难

民用工业企业在科技资源合作中需要付出的成本 c 是影响科技资源一体化配置的主要因素，民用工业企业科技资源军工市场的准入障碍是造成此成本的主要原因之一。长期以来，军工体系都是一个相对封闭的体系，国内民用工业企业进入军事技术装备领域存在较为显著的技术、政策壁垒。通常军用科技资源具有一定的保密性，获得军用科技资源需要经过一系列的认证。我国主要采取军品生产许可证管理、保密资格认证、质量认证、规定军用规范和标准等形式来控制国防工业市场准入，要获得这一系列认证书十分困难，且时间较为持久，这给科技资源的一体化配置带来了很大程度的障碍。

因此，民用工业企业科技资源若想进入军工市场就必须承担较大的前期投入，再加上在民用工业企业与军工企业目标利益不一致的情况下，民用工业企业进入军工市场后收益的不确定性较大，容易产生较高的沉没成本，具有较大的风险。这成为民用工业企业在选择与军工企业进行科技资源融合时慎重考虑的因素，使得民口科技资源在面对军工市场时踟蹰不前。

4.3 "参军民企"科技资源配置效率评价

党的二十大报告强调指出："教育、科技、人才是全面建设社会主义现代化国家的基础性、战略性支撑。必须坚持科技是第一生产力、人才是第一资源、创新是第一动力，深入实施科教兴国战略、人才强国战略、创新驱动发展战略，开辟发展新领域新赛道，不断塑造发展新动能新优势。"①科技创新不仅是经济社会发展的动力之源，还是提高社会生产力和综合国力的战略支撑，更是决定我军前途命运的关键，为强军兴军提供强有力的物质技术支撑②。科技资源是科技创新的物质基础。引导优势民营企业进入军品科研生产和维修领域，承担军品科研生产和维修任务，是推动现代科技开放融合、创新发展的重要内容。"参军民企"成为建设"巩固国防和强大军队"的重要力量，所拥有的科技资源成为国防科技创新与军品科研生产的物质基础。"参军民企"科技资源配置效率，不仅影响民营企业自身承担军事技术装备创新及生产任务能力，还影响科技资源一体化配置效率，进而影响我国军品科研生产水平和国防科技自主创新能力建设。因此，优化配置"参军民企"的科技资源，提高配置效率，增强其参与军事技术装备创新及生产任务的科技创新能力，不仅是推进现代科技开放融合发展和构建开放融合发展的国家科技创新体系的客观要求，更是巩固提高一体化的国家战略体系和能力的战略需要。

4.3.1 "参军民企"科技资源是实施创新驱动战略的物质基础

4.3.1.1 创新驱动成为军品科研生产跨越式发展的强大动力

先进的国防科技创新能力是建设"巩固国防和强大军队"的重要条件，已成为驱动军品科研生产水平和能力跨越式发展的强大动力。随着以信息技术智

① 陈建. 如何加强军民科技资源集成融合[N]. 学习时报，2012-08-27(007).
② 黄昆仑. 创新驱动是决定我军前途和命运的关键[N]. 解放军报，2016-03-21(007).

能技术为核心的高新技术的迅速发展及其在军事领域的广泛应用，许多国家把国防科技创新与装备发展作为推进国防和军队现代化建设的重要抓手，为建设"巩固国防和强大军队"做好物质技术保障。

在 21 世纪，国家之间的竞争更多地表现为以经济、军事和科技为焦点的综合国力竞争，其中科技创新尤为突出。改革开放 40 多年来，我国国防和军队现代化建设持续快速发展，以四代机等为代表的新型装备科研生产取得重大突破，歼-10、辽宁号航母、运-20 等一大批高新技术装备交付部队，之所以能够取得如此辉煌的成就，最重要的原因就是我们一直坚持推动国防科技自主创新，以创新来驱动军品科研生产，为建设"巩固国防和强大军队"提供可靠的装备技术保障。

4.3.1.2 "参军民企"成为推动国防科技创新与军品科研生产的生力军

历史和现实一再告诉我们，由于国防科技创新与军品科研生产事关一个国家的安全利益和国际竞争力，因此，最先进的装备、最先进的国防科技创新成果是无法通过市场交换获取的，先进的国防科技创新能力也是无法通过市场买卖而拥有的。因此，推进军品科研生产，需要坚持自力更生，推动国防科技自主创新。但是，我国传统国防工业的国防科技创新和军品科研生产能力与西方发达国家相比还存在较大差距，既不能很好地适应打赢未来高技术战争的要求，也无法为强军兴军提供足够的物质技术保障。

允许和鼓励民营企业进入军品科研生产领域，参与军事技术装备创新及生产任务，不仅是推动国防科技开放融合发展的重要内容，还是切实增强我国国防科技创新能力与军品科研生产能力的战略举措，更是在统筹国防建设与经济建设框架下巩固提高一体化国家战略体系和能力的战略选择。

4.3.1.3 "参军民企"科技资源是国防科技创新与军品科研生产的重要物质条件

随着高水平社会主义市场经济体制建设的不断推进，民营企业创新活力迸发，日益成为科技创新的中坚力量。"十三五"时期，面对日益恶化的外部竞争环境，民营企业更加重视科技创新，R&D 投入不断扩大，科技产出规模和效益不断提高。据统计，2015 年规模以上民营工业企业 R&D 人员全时当量为194.2 万人年、R&D 经费支出为 7390 亿元，2018 年分别达到 230.6 万人年和

10189 亿元，分别增长了 18.7% 和 37.9%，占全国规模以上工业企业比重由 2015 年的 73.6% 和 73.8% 上升到 2018 年的 77.3% 和 78.6%，分别上升了 3.7 个百分点和 4.8 个百分点①。据统计，2015 年规模以上民营工业企业专利申请数、发明专利申请数和有效发明专利数分别为 49.4 万件、18.7 万件和 43.8 万件，2018 年增加至 81.0 万件、31.7 万件和 89.6 万件，上升幅度分别为 63.7%、69.3% 和 104.5%。②例如，欧盟委员会发布的《2018 年欧盟工业研发投资排名》对全球 46 个国家和地区的 2500 家公司在 2017—2018 年度的研发投入情况进行了汇总，其中我国的华为以 113.34 亿欧元的研发投入名列全球第五。大量民营企业重视科技创新，直接推动了我国专利密集型产业快速发展，积极依靠知识产权来参与市场竞争，2018 年全国专利密集型产业的增加值为 107090 亿元，占国内生产总值（GDP）的比重为 11.6%③。

随着军民相互开放、资源共享和融合发展的深度推进，国防科技军民相互开放、融合发展的程度不断提高，越来越多的民营企业成为国防科技创新与军品科研生产的生力军。大量"参军民企"所拥有的科技资源也就成为国防科技资源的重要补充，成为国防科技创新与军品科研生产的物质技术基础。

4.3.2 "参军民企"科技资源配置效率评价模型的构建

随着现代科技开放融合发展的不断推进，越来越多的优秀民营企业成为参与军事技术装备创新及生产的新生力量。"参军民企"科技资源配置效率不仅事关民营企业承制军品创新发展的能力，关系到军品科研生产的质量，还影响着民营企业参与军品科研生产的竞争力，更是与我国国防科技创新与军品科研生产的整体能力息息相关，决定着"巩固国防和强大军队"建设的速度与质量。

目前参与军事技术装备创新及生产活动的民营企业有 1000 多家，涉及不同产业、不同行业和不同部门，科技资源配置状况千差万别，创新能力参差不齐，如何评价和分析"参军民企"科技资源配置效率呢？为了解决这个难题，笔者选择有代表性的 87 家承担军事技术装备创新及生产任务的上市民营企业，

---

①② 杨晓琰，郭朝先，张雪琪."十三五"民营企业发展回顾与"十四五"高质量发展对策[J]. 经济与管理，2021（1）：20-29.

③ 国家统计局. 2018 年全国专利密集型产业增加值数据公告［EB/OL］. http：//www.stats.gov.cn/tjsj/zxfb/202003/t20200313_1731898.html.

通过测算 Malmquist 指数来建立"参军民企"的科技资源配置效率评价体系，并对这些"参军民企"的科技资源配置效率进行评价与分析，最后得出结论，希望能为不断提高民营企业参与军事技术装备创新及生产的能力，以及创新驱动军品科研生产提供充沛的动力源泉。

4.3.2.1　模型构建

1978 年 Charnes 等[①]提出了数据包络分析方法，可以根据输入输出的数据值来进行技术效率评价，但是该方法只能分析截面数据，不能分析面板数据。于是 Malmquist[②] 在一次关于消费分析的研究中提出了 Malmquist 生产率指数。此后，Caves[③] 将 Malmquist 生产率指数用 Malmquist 指数来表示，在多投入产出下首次将其用于生产分析。Fare[④] 把 Malmquist 指数进行分解，建立了多产出、多投入的技术描述形式，并将其转化成比较方便的参数模型和非参数模型，更好地适应了面板数据的分析，有利于研究科技资源全要素生产率的变动。

Malmquist 生产率指数的构造方法以距离函数为基础，首先假设存在 n 个投入要素和 n 个产出要素，以 $x^t = (x_1, x_2, \cdots, x_n)$ 表示第 t 期的投入向量，$y^t = (y_1, y_2, \cdots, y_n)$ 表示第 t 期的产出向量，则以第 t 期为基准的 Malmquist 生产率指数为

$$M_0^t(x_{t+1}, y_{t+1}, x_t, y_t) = \frac{D_0^t(x_{t+1}, y_{t+1})}{D_0^t(x_t, y_t)}$$

以第 $t+1$ 为基准的 Malmquist 生产率指数为

$$M_0^{t+1}(x_{t+1}, y_{t+1}, x_t, y_t) = \frac{D_0^{t+1}(x_{t+1}, y_{t+1})}{D_0^{t+1}(x_t, y_t)}$$

其中，$D_0^t(x_t, y_t)$ 表示以第 t 期为准，投入 x_t，所能得到产出 y_t 可增加的最大

①　A Charnes, W Cooper, E Rhodes. Measuring the efficiency of decision making units [J]. European Journal of Operational Research, 1978(2): 429-444.

②　Malmquist Sten. Index number and indifference surface [J]. Tapajos de Estandistica , 1953 (4): 209-232.

③　D W Caves, L R Christensen, W E Diewert. The economic theory of index number and the measurement of input/output and productivity[J]. Econometrics, 1982(5): 1393-1414.

④　R fare, S Grosskopf, C. A. K. Lovell. Production frontier [M]. Cambridge: Cambridge University Press, 1994.

比例；$D_0^{t+1}(x_t, y_t)$ 表示以第 $t+1$ 期为准，投入 x_t，所能得到产出 y_{t+1} 可增加的最大比例。因此，Malmquist 生产率指数为

$$M_0(x_{t+1}, y_{t+1}, x_t, y_t) = \left[\left(\frac{D_0^{t+1}(x_{t+1}, y_{t+1})}{D_0^{t+1}(x_t, y_t)} \right) \times \left(\frac{D_0^t(x_{t+1}, y_{t+1})}{D_0^t(x_t, y_t)} \right) \right]^{\frac{1}{2}}$$

$$= \frac{D_0^{t+1}(x_{t+1}, y_{t+1})}{D_0^t(x_t, y_t)} \times \left[\left(\frac{D_0^t(x_{t+1}, y_{t+1})}{D_0^{t+1}(x_{t+1}, y_{t+1})} \right) \times \left(\frac{D_0^t(x_t, y_t)}{D_0^{t+1}(x_t, y_t)} \right) \right]^{\frac{1}{2}}$$

$$= EFFCH \times TECH$$

即全要素生产率指数（*TFPCH*）可分解为技术效率变化指数（*EFFCH*）和技术变化指数（*TECH*）的乘积。其中，技术效率变化指数还可以分解为纯技术效率变化指数（*PECH*）和规模效率变化指数（*SECH*），从而：

TFPCH = PECH×SECH×TECH

TFPCH>1 说明科技资源配置效率呈正向增加；*TFPCH*<1 说明科技资源配置效率呈反向增加。*EFFCH* 可衡量在生产过程中投入要素是否得到充分利用，*EFFCH* 越大表示技术效率越高；*EFFCH* 越小表示技术效率越低，存在资源浪费现象。*PECH* 表示在不考虑规模因素的情况下一定时期内技术效率的变化，*PECH*>1 说明纯技术有效率；*PECH*<1 说明纯技术无效率。*SECH* 表示生产规模是否达到最优状态，*SECH*>1 说明规模效率高；*SECH*<1 说明规模效率低。*TECH* 衡量的是生产技术变化程度，即技术进步与创新的程度，*TECH*>1 说明技术进步明显；*TECH*<1 说明不存在技术进步，科技创新处于下滑趋势。

4.3.2.2　指标构建

在科技资源配置效率评价的指标选取中，可以通过借鉴以往学术研究成果选择的评价指标，选取有说服力和可靠性的指标。王海峰等[1]以研发资金投入、科学家和工程师全时当量为投入指标，以专利数、科技论文成果数和高技术产品出口额为产出指标。单春霞[2]选用 R&D 活动人员、R&D 经费支出、新产品开发经费支出和科学家与工程师作为投入指标，用专利申请以及新产品销

---

① 王海峰，罗亚非，范小阳. 基于超效率 DEA 的 Malmquist 指数的研发创新评价国际比较[J]. 科学与技术管理，2010(4)：42-49.

② 单春霞. 基于 DEA-Malmquist 指数方法的高新技术产业 R&D 绩效评价[J]. 统计与决策，2011(2)：70-74.

售收入作为产出指标。张勇等①在研究西部地区军民互通合作产业资源配置时，选用的投入指标是企业从业人员数和总资产额，选用的产出指标则是营业收入和企业年总产值。

"参军民企"的科技资源同其他科技资源一样，主要包括科技人力资源、科技财力资源、科技物力资源、科技信息资源和科技组织资源等要素，其中，核心资源是科技人力资源、科技物力资源和科技财力资源。对"参军民企"科技资源配置效率的评价就是对其人力资源、财力资源、物力资源使用情况的衡量和考察。因此，在"参军民企"科技资源配置效率评价分析的指标选取中，通过借鉴以往学术研究成果选择的评价指标，最终确定了以下投入、产出指标，如表4-2所示。

表4-2　"参军民企"科技资源配置效率评价指标体系

指标类别	指标名称	单位	指标说明
投入指标	科技活动人员总数	万人	反映科技人力资源要素投入
	科研经费支出	万元	反映科技财力资源要素投入
	资产总额	万元	反映科技物力资源要素投入
产出指标	专利申请受理数	项	反映科技活动的直接产出
	无形资产增加值（除土地所有权）	万元	反映科技活动的间接产出

（1）科技资源投入指标。科技人力资源是科技创新活动的主体，因此选用科技活动人员总数反映"参军民企"科技人力资源的投入情况。对于"参军民企"的科技财力资源投入情况的考察选用了最常用的科研经费支出指标。对于"参军民企"的科技物力资源，目前还没有很好的衡量办法，因此这里采用资产总额指标来考察科技物力资源的投入情况。

（2）科技资源产出指标。专利是科研活动形成的最直接的知识形态产物，我国的专利包含发明、实用新型、外观设计三项。专利申请受理量和专利申请

① 张勇，李海鹏，姚亚平．基于DEA的西部地区军民融合产业资源优化配置研究[J]．科技进步与对策，2014(7)：89-93．

授权量都属于专利数据的指标，但是 Griliches[1] 认为专利申请授权量被人为因素干预的可能性较大，使得专利申请授权量具有较大的不确定性因素，容易出现异常变动，因此，选用专利申请受理量作为研发产出的指标参考性更强。所以，本书选用专利申请受理量来衡量科技发展的直接产出。但是，由于民营企业参与军事技术装备创新及生产的特殊性，一些国防科技专利数据无法披露，或因受保密因素影响不能申请专利，而无形资产增加值（除土地使用权）既包括专利技术也包括非专利技术，也在一定程度上反映了科技资源的产出情况。因此，本书还采用无形资产增加值（除土地所有权）作为产出指标衡量"参军民企"科技资源配置的效率。

4.3.2.3 数据说明

从 2005 年起，国家和地方政府陆续出台多项政策，允许和积极鼓励优秀民营企业进入军品科研生产与维修领域，承担军事技术装备创新及生产任务，推进国防科技开放融合发展，形成军民相互开放、资源共享和融合发展的国防科技创新体系，为巩固提高一体化国家战略体系和能力提供支撑。2012 年国务院印发《"十二五"国家战略性新兴产业发展规划》，定义了七大战略性新兴产业的发展方向和主要任务，指出将逐步培育新一代信息技术、高端装备制造业并使其成为国民经济的支柱产业，培育新材料成为先导产业。上述三大产业与国防工业紧密相关，符合军民两用技术和产品通用标准发展模式，能够有效促进军用科技与民用科技之间的相互支撑和转化，助力我国产业结构优化升级，是民营企业参与军事技术装备创新及生产中最具发展潜力的重点领域，有望成为国民经济建设和国防建设统筹兼顾、协调发展的基石。

据统计，目前"参军民企"的 A 股上市公司有 87 家，其中：国防信息化行业板块上市公司 51 家，新材料行业板块上市公司 11 家，装备制造行业板块上市公司 25 家。本书将这三个行业板块作为研究"参军民企"科技资源配置情况的代表，其中科技活动人员总数、科研经费支出和无形资产增加值（除土地所有权）等数据从各上市公司各年年报中提取，资产总额来自国泰安数据库，专

---

① Griliches Zvi. Patent Statistics as Economic Indicators：A Survey[J]. Journal of Economic Literature，1990，28(4)：1661-1707.

利申请受理数据源于年报及国家知识产权局官方网站。

4.3.3 "参军民企"科技资源配置效率评价结果分析

由于参与军事技术装备创新及生产的民营企业相互之间的数据差别较大，因此需要对要素指标的原始数据进行归一化处理，采取的处理方法如下：对专利申请数和科技人员数的数据开根号，对无形资产增加值（除土地使用权）、研发投入以及资产总额的数据取对数。本书使用 DEAP Version2.1 软件对数据进行运行计算，软件处理结果包括技术效率变化指数（EFFCH）、技术变化指数（TECH）、纯技术效率指数（PECH）、规模效率指数（SECH）以及全要素生产率（TFPCH）。2010—2014 年"参军民企"科技资源配置效率测算结果如表4-3所示。

表4-3 2010—2014年"参军民企"科技资源配置效率测算结果

生产率指数		2010—2011 年	2011—2012 年	2012—2013 年	2013—2014 年	平均
国防信息化行业	技术效率变化指数（EFFCH）	1.087	1.036	1.066	1.148	1.084
	技术变化指数（TECH）	1.029	1.024	1.028	0.986	1.017
	纯技术效率指数（PECH）	1.001	1.009	1.002	1.004	1.004
	规模效率指数（SECH）	1.083	1.027	1.064	1.143	1.079
	全要素生产率（TFPCH）	1.119	1.060	1.094	1.132	1.101
新材料行业	技术效率变化指数（EFFCH）	1.226	1.035	0.976	1.104	1.085
	技术变化指数（TECH）	0.935	1.069	0.874	0.989	0.967
	纯技术效率指数（PECH）	0.999	1.002	0.998	1.000	1.000
	规模效率指数（SECH）	1.223	1.030	0.975	1.104	1.083
	全要素生产率（TFPCH）	1.124	1.097	0.847	1.085	1.039

续表

生产率指数		2010—2011 年	2011—2012 年	2012—2013 年	2013—2014 年	平均
装备制造行业	技术效率变化指数（EFFCH）	1.411	1.275	1.350	0.990	1.256
	技术变化指数（TECH）	0.999	1.033	0.968	1.021	1.005
	纯技术效率指数（PECH）	1.005	0.998	1.001	1.001	1.001
	规模效率指数（SECH）	1.398	1.273	1.342	0.987	1.250
	全要素生产率（TFPCH）	1.396	1.324	1.282	1.003	1.252
平均	技术效率变化指数（EFFCH）	1.241	1.115	1.131	1.080	1.142
	技术变化指数（TECH）	0.988	1.042	0.957	0.998	0.996
	纯技术效率指数（PECH）	1.001	1.003	1.000	1.002	1.002
	规模效率指数（SECH）	1.235	1.110	1.127	1.078	1.137
	全要素生产率（TFPCH）	1.213	1.160	1.074	1.074	1.130

4.3.3.1　国防信息化行业

从供给侧来看，企业发展主要源于生产要素投入的增加和全要素生产率的提高。由图 4-1 可知，在国防信息化行业板块中，"参军民企"科技资源配置的全要素生产率指数呈现出先下降后增长的趋势。综合来看，2010—2014 年，"参军民企"在国防信息化模块中的全要素生产率指数平均以 10% 的幅度提升，与技术效率变化指数的变化趋势均保持一致，这充分说明国防信息化板块"参军民企"科技资源配置效率的提高主要源于"参军民企"自身管理水平的提升以及对 R&D 资源的合理使用。从各指数单独的变化情况来看，技术变化指数前期基本保持稳定，但后期下降，说明参与军事技术装备创新及生产的这部分民营企业的原始技术创新能力呈现出日趋减弱的发展态势。另外，技术效率变化指数的变化与规模效率指数的变化趋势一致，技术效率变化指数随着规模效率指数的提升而提升，说明五年来"参军民企"的生产规模和结构在不断优化，最终促进了这些民营企业生产率的不断提高。

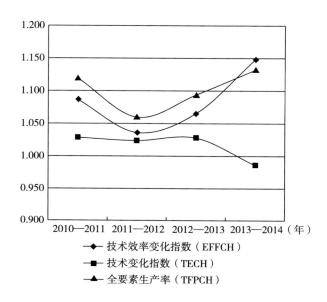

图 4-1　2010—2014 年国防信息化行业科技资源配置

4.3.3.2　新材料行业

如图 4-2 所示，在新材料行业板块中，"参军民企"的全要素生产率在 2010—2013 年呈现出下降趋势，到 2013 年出现了 15% 的负增长，直至 2014 年有稍许回升。这说明在新材料行业板块中，"参军民企"的科技资源配置效率呈现出逐年减弱的发展态势，科技创新在企业发展中的贡献率不高。全要素生产率与技术效率变化指数的变化趋势一致，技术效率变化指数的下降表明该板块"参军民企"由于管理水平不高、管理能力不强，其科技资源配置效率正在逐年降低，至 2013 年出现了 3% 左右的负增长，说明企业 R&D 投入的规模不合理、结构不科学，科技资源浪费现象比较突出，科技资源配置效率不尽如人意。技术变化指数的波动性比较强，各年起伏幅度较大，且数值基本小于 1，说明该板块参与军事技术装备创新及生产的民营企业实施创新驱动战略的积极性不够、主动性不强、研发投入规模较小，导致企业的原始自主创新能力不强，无法取得充足的技术进步。另外，纯技术效率指数几乎不变，而技术效率变化指数主要受规模效率指数的影响，说明该板块"参军民企"的规模报酬出现递减状态，需要不断改进科技资源的配置方式和结构。

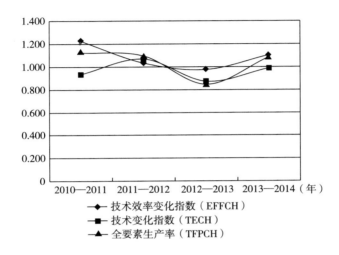

图 4-2　2010—2014 年新材料行业科技资源配置

4.3.3.3　装备制造行业

全要素生产率的增长率常常被视为科技进步的指标，其增长速度的快慢、增长率的大小反映出一个企业发展质量、管理效率的高低和技术进步的快慢。如图 4-3 所示，在装备制造行业板块中，尽管五年来参军民企的全要素生产率平均达到了 25.2% 的增长，但从各年的变化来看，呈现出增长速度不断下降的趋势。这样一个结果是由技术效率变化指数和技术变化指数的共同影响造成的，表明该板块"参军民企"的科技资源投入利用和科技创新水平并没有达到理想的最优状态。其中，技术效率变化指数在 2013—2014 年降低到 1 以下，出现了负增长，主要是受规模效率指数下降的影响。规模效率指数负增长，在一定程度上也体现出了 2014 年该板块"参军民企"的科技创新存在规模经济低、生产效率差的现象，主要依靠外来技术的引进和 R&D 投入规模的扩大，无视对科技资源规模结构的优化，企业生产没有达到最优规模，投入与产出未能达到均衡状态，造成科技资源不合理利用，最终导致科技资源配置效率不高。

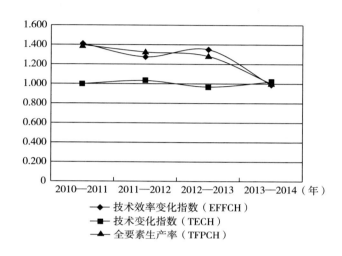

图4-3　2010—2014年装备制造行业科技资源配置

4.3.3.4　三个行业的平均值

随着建设"巩固国防和强大军队"与军民相互开放、协同发展步伐的不断加快，创新驱动成为军品科研生产的重点。作为承担国防科技创新与军品科研生产任务的新生力量，"参军民企"科技资源配置效率不仅直接影响着科技资源一体化配置状况，还影响着我国国防科技开放融合发展与军品科研生产的水平，更影响到一体化国家战略体系和能力的巩固提高。我们知道，改革开放以来，尤其是随着社会主义市场经济体制机制的日益完善，民营企业日渐成为科技创新的生力军。长期以来，优化科技资源配置，提高科技资源配置效率，提高科技创新对企业发展的贡献率，成为优秀民营企业追求的目标。

如图4-4所示，2010—2014年，"参军民企"的科技资源配置效率平均达到了13%的增长率，说明"参军民企"R&D投入的强度不断加大，科技资源规模结构更加科学合理，科技资源利用率不断提高，科技创新能力不断增强。但是，我们也可以看到这样一个现象，2010—2014年"参军民企"的科技资源配置效率增速却呈现出不断下降的发展态势。其中，技术变化指数（TECH）波动较为明显，有两年出现负增长状态，平均值也处于 1 以下，说明从整体而言，"参军民企"的科技创新能力不够。技术效率变化指数与规模效率指数的变化一致，有少许波动但仍呈下降趋势，说明"参军民企"的科技资源配置规模不尽科学，规模效率不高，需要进一步增强科技资源规模的科学化，提高规模效益。

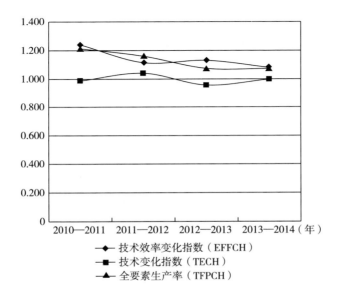

图 4-4 2010—2014 年"参军民企"科技资源配置

4.3.4 "参军民企"科技资源配置存在的主要问题及应对措施

通过对 87 家参与军事技术装备创新及生产的上市民营企业的科技资源配置效率分析，我们可以看到，"参军民企"在科技资源配置上还存在不少亟待解决的问题，需要采取有力措施加以解决，有效提高"参军民企"的科技资源配置效率，为推进现代科技开放融合发展、增强我国科技创新能力、推动经济高质发展和军队现代化建设、维护国家主权及安全利益与发展利益提供可靠的技术装备保障。

4.3.4.1 存在的主要问题

（1）"参军民企"科技资源配置效率提升缓慢。2010—2014 年，"参军民企"的科技资源配置效率均大于 1，说明参与军事技术装备创新及生产的民营企业通常是民营企业中竞争能力比较强的优秀企业，具有一定的竞争优势。但从不同年度来看，"参军民企"科技资源配置效率的数值却逐年降低，科技资源配置效率的增长幅度逐年放缓。根据近几年来我国民营企业参与和承担国防科技创新与军品科研生产任务的情况来看，多数"参军民企"科技资源配置效率没有达到预期的增长，导致科技自主创新能力不强，军事技术装备创新及生产的参与度较低，只是为大型复杂的装备系统的科研生产提供配套生产服务，无法为军事技术装备创新及生产提供关键技术支持。

出现上述现象的主要原因是不少"参军民企"缺乏自主创新的动力和勇气，科技资源投入不足，配置结构不合理，科技资源浪费严重，使用效率不高。目前我国科技资源主要分布于军队及其科研院所、军工企业及其科研院所、地方院校、国有民用大中型企业及其科研院所，虽然以华为为代表的民营企业日渐成为我国科技创新活动的重要力量，但是大多数中小型民营企业的科技资源规模较小，如科研经费的投入、科技人才的培养和科研装备的开发都比较薄弱，创新能力不强。科研机构和院校由于很难及时把握市场风向，因此虽具备创新能力但无法及时投入市场，科研成果难以转化；而具有高度市场敏感性的中小型民营企业却由于科技创新投入大、风险高而缺少科技创新动力，技术创新能力不足，生产出来的产品由于技术含量低、创新度不够而没有竞争力，从而进一步影响了民营企业科技资源的投入规模和科技资源配置效率的提高。

（2）"参军民企"科技资源配置结构不平衡。在民营企业参与军事技术装备创新及生产的过程中，不同行业板块的"参军民企"科技资源配置情况有很大的不同，其中装备制造业板块"参军民企"的科技资源配置效率最高，新材料行业板块"参军民企"的科技资源配置效率最低，国防信息化行业板块"参军民企"的科技资源配置效率有明显的增长，而新材料行业板块与装备制造行业板块"参军民企"的科技资源配置效率都有所下降。国防信息化行业板块"参军民企"的科技资源配置情况较好，配置规模和配置结构都比较合理；装备制造行业板块"参军民企"的科技资源配置效率虽然总体较高，但从每年来看，却随着技术效率变化指数的下降而下降，这说明装备制造行业板块"参军民企"的科技资源投入规模不尽科学、科技资源配置结构不尽合理；新材料行业板块"参军民企"的技术变化指数低于临界值1，说明其技术进步水平不但没有起到推动科技资源配置的作用，反而对科技资源的合理配置形成了阻碍。

上述情况反映了这样一个现实：我国基础工业发展不足，工业基础能力不强。2018年7月13日，在"2018国家制造强国建设专家论坛"上有学者指出，一段时期以来，国内外评价中国制造业发展成就往往忽视存在的问题、片面夸大成绩，实际上，中国制造业创新能力还不强，关键基础材料、核心基础零部件、元器件、先进基础工艺等工业基础能力依然薄弱，关键核心技术短缺局面尚未根本改变。

俗话说：基础不牢，地动山摇。长期以来，我国为了占领高科技技术至高战略点，过度强调高新技术创新和战略性新兴产业的发展，却忽视了基础科学、基础工业的发展，导致以材料工业、冶炼工业、车床、电子元器件、芯片制造等为代表的基础工业发展水平不高，创新能力不强。基础科学、基础工业投入不足、发展不够，不仅直接制约了高新技术创新和战略性新兴产业的发展，更阻碍了我国科技资源配置效率的大幅度提高。

（3）"参军民企"的科技自主创新能力不足。改革开放以来，民营企业日益成为国民经济的重要组成部分和经济增长的主要动力，以及科技创新活动的中坚力量，科技创新能力得以大幅度提高。但是，由于创新动力不足、激励机制匮乏和高素质人才短缺等原因，民营企业科技创新能力普遍不强，即使是参与军事技术装备创新及生产任务的优秀民营企业，也存在此类问题。从表4-3中可以看到，"参军民企"科技资源配置的技术变化指数基本上处于一个较低的水平，其平均值在1以下，呈现负增长的状态。技术变化指数的负增长表明"参军民企"的科技创新能力并没有随着R&D投入规模的增加而提升，反倒呈现出不断降低的发展态势。

为什么是这样一个结果呢？这是因为"参军民企"吸收和应用技术知识的能力有限，军民科技资源共享度较低，协同创新不够，企业生产经营过度依赖于利用已有科技成果，科技投入不够，创新动力不足，对科技进步贡献有限。同时，由于缺乏自主创新的氛围，严重阻碍了科技资源与创新人才的有效结合与配置，造成科技人员从事科技创新的内在动力不足，进而影响了"参军民企"科技资源的配置效率。

4.3.4.2 主要措施

本书根据以上结论，给出如下对策建议：

（1）坚持创新驱动，提高全要素生产率。推动现代科技开放融合发展，实施创新驱动战略，提升"参军民企"的科技创新能力与军品科研生产能力，全要素生产率是个重要抓手。适应信息化战争形态要求，力争到2035年基本实现国防和军队现代化，到21世纪中叶把人民军队全面建成世界一流军队，必须由过去单纯依靠增加人力、物力和资本等生产要素投入的传统发展模式转向提升全要素生产率的效率型发展新模式。实施创新驱动发展战略和科技兴军战略，要坚持"参军民企"的科技创新主体地位，不断促进各类创新资源要素向"参军民企"聚集与配置，逐步建立起以"参军民企"为主体、市场为导向、军产学研用紧密结合的现代科技创新体系[①]，为实现国防和军队现代化及全面建成世界一流军队提供坚实可靠的科技装备支撑。

（2）坚持军民开放协同发展创新，促进军民科技资源共享。随着新军事变革和现代科学技术的深入发展，军用技术和民用技术之间的界限越来越模糊，高技术特别是信息技术呈现出高度的军民通用性[②]。在信息化智能化时代，服务于国防建设与经济发展的国防科技创新与军品科研生产活动，特别是那些创新颠覆性强、涉及创新主体多、产业链长、受益面广的重大国防科技创新与军品科研生产项目，需要民营企业及其科研院所、传统军工企业及其科研院所、军队科研院所三方协同创新，突破分散于不同领域、不同部门、不同行业里的不同科技资源相互间的合作壁垒，充分释放不同国防科技创新主体彼此间"人、财、物、信息"等资源和要素活力，实现不同机构、部门和单位中的知识、技术、人才等各种创新资源要素的一体化配置，从而推动国防科技创新与军品科研生产，形成一个开放协同发展的国家科技创新体系。

（3）优化不同行业科技资源配置结构，加大对新材料行业的资源投入。"参军民企"的科技资源配置效率在不同行业之间存在不平衡现象，其中装备

① 武义青，窦丽琛. 提高全要素生产率的路径选择[N]. 河北日报，2016-03-25(013).
② 陈建. 如何加强军民科技资源集成融合[N]. 学习时报，2012-08-27(006).

制造行业板块"参军民企"的科技资源配置效率最高，新材料行业板块"参军民企"的科技资源配置效率最低。因此，需要加大对低效率行业的科技创新资源要素的投入力度，允许和鼓励各类科技创新资源要素向新材料行业板块投入，并适当调整相关的科技政策措施，不断加强和完善对"参军民企"科技资源的调控，使各类科技创新资源要素在各行业之间的配置规模适中、配置结构更加合理。尤其是在新材料行业板块，"参军民企"的科技创新资源要素的配置效率较低，需要政府着力解决整体规模偏小、行业布局分散、配置结构不合理、配置方式不科学、科技创新能力不足、产业链较短等问题，不断加大对该领域的科技创新资源要素的投入强度，并通过促进新材料板块"参军民企"与相关领域的传统军工企业、军队科研院所之间开放融合发展的国防科技创新体系建构，逐步提高该板块"参军民企"的科技资源配置效率，最终实现"参军民企"科技资源配置效率在不同行业之间的适度平衡。

4.4　科技资源一体化配置的主要矛盾和影响因素

通过上述对军工企业和民用工业企业科技资源一体化配置中的行为策略分析，再加上对"参军民企"科技资源配置效率的评价，可以发现科技资源一体化配置过程中存在一些矛盾和影响因素。

4.4.1　主要矛盾

4.4.1.1　政府主导与市场决定

政府主导与市场决定是科技资源一体化配置中存在的主要矛盾。科技资源是现代科技创新发展的物质基础，尤其是应用于国防科技创新与装备研制领域的科技资源，更是事关国防安全的战略资源，是"第一资源"和国家战略资源，具有公共物品和私人物品的双重属性[①]。公共物品属性要求政府在科技资源一体化配置中发挥积极主导作用，依托强大的行政力量对科技资源一体化配置实

---

① 沈赤，章丹. 政府优化科技资源配置研究：评价指标体系构建及政策建议[M]. 北京：北京大学出版社，2013：16.

施严格的计划配置与管理，各类科技创新主体主要围绕政府下达的任务和要求进行军事技术装备创新及生产活动，尽最大可能地为国防和军队现代化建设提供稳定可靠的关键核心技术供给，不会过多关注科技资源配置结构的好与坏、配置效率的高与低。同时，作为经济资源的重要构成，市场机制是一种最有效的资源配置方式，能够实现科技资源的充分有效利用。科技资源的私有物品属性则要求在科技资源一体化配置中也要充分发挥市场的决定作用，提高科技资源一体化配置效率。但是，我国科技资源尤其是国防科技资源市场的不完整性、信息的不对称性，不仅严重限制了科技资源一体化配置中政府主导的有效范围，政府失效现象突出，也严重制约了科技资源一体化配置中的市场决定作用，市场缺失现象明显。这必然造成科技资源一体化配置过程中政府与市场的激励差异，从而影响科技资源的一体化配置效率。

4.4.1.2 多元竞争与安全约束

竞争多元化与安全约束性则是科技资源一体化配置中的突出矛盾。在开放融合发展的国家科技创新体系框架下，科技资源一体化配置就是基于巩固提高一体化国家战略体系和能力的战略诉求，聚焦国防建设和经济建设所产生的重大科技创新需求，打破军民二元分割的樊篱，促进不同领域、不同部门、不同行业甚至是不同国家的科技资源相互流动、优化组合和一体化配置，推动军民不同科技创新主体相互合作、开放竞争、资源共享、多元协同，聚力实现基础科学研究的重大突破，合力破解"卡脖子"关键核心技术，协同创新战略性、前沿性、颠覆性科学技术。

我们知道，关键核心技术，尤其是战略性、前沿性、颠覆性技术，是一个国家经济发展和国防建设的"定海神针""不二法器""国之利器"，不可轻易示于他人，需要加大科技安全维护力度。但军民不同科技创新主体间的多元竞争，日趋复杂的军民科技资源配置，尤其是科技人力资源涉及不同领域、不同行业和不同部门，因此在军民协同创新、一体发展中不可避免地存在着各种安全风险。这些安全风险必然会对军民各类科技创新主体协同创新、科技资源一体化配置产生一定影响。因此，在科技资源一体化配置中必须充分重视创新主体多元和创新要素结构复杂可能带来的各种国家安全、军事安全和技术安全风险，在安全风险可控范围内进行科技资源一体化配置。

4.4.1.3 个人利益、集体利益与国家利益

在开放融合发展的国家科技创新体系框架下，科技资源一体化配置中不同主体、不同要素的利益诉求差异较大。首先，来自军队、军工和民口三大创新系统内不同领域、不同部门、不同行业的科技创新人才，个体利益诉求差异性比较明显。其次，不同科技创新主体的利益诉求也不尽相同，传统国防科技创新主体把参与科技资源一体化配置作为提升自身科技创新和军品科研生产能力的路径，而分散于地方高校、地方科研院所、民用工业企业的新生科技创新主体则把参与科技资源一体化配置看作迈入军品科研生产门槛、拓展自身生存发展空间的战略选择。科技资源一体化配置的主要目标是通过军民科技资源的配置优化，提高科技资源配置效率，推进现代科技开放融合发展，最终增强国家整体科技创新能力，实现经济高质量发展和构建现代经济体系，提高装备现代化水平和军队战斗力生成质量，为实现国防建设与经济建设的统筹兼顾、协调发展提供开放融合发展的国家创新体系支撑，为有效维护国家安全利益与发展利益提供战略支撑。个人利益诉求、集体利益诉求的差异性可能会导致个人利益、集体利益与国家利益之间的相互矛盾，从而影响科技资源一体化配置。

4.4.2 影响因素

4.4.2.1 制度法律因素

相关制度法律的缺失是影响科技资源一体化配置的根本因素。正如诺贝尔经济学奖获得者道格拉斯·诺斯所说："有效率的经济组织是经济增长的关键，一个有效率的经济组织在西欧的发展正是西方兴起的原因所在。"[①]因此，在基于利益驱动的不同创新主体自愿合作、协同创新尚未成型的前提下，推进科技资源一体化配置需要在制度法律上做出合理安排。目前，在推动科技资源一体化配置过程中，无论是科技创新主体的选择范围、选择标准，科技资源整合原则和方式，还是不同科技创新主体间的利益分割、信息分享、风险控制以及科技创新成果的知识产权归属等问题，都存在着相关制度法律的缺失；同时，条块分割、自成体系的科研管理体制，导致分布在不同领域、不同行业和

---

① ［美］诺斯，托马斯. 西方世界的兴起［M］. 北京：华夏出版社，2009：4.

不同部门的科技创新主体长期处于半封闭、半竞争状态，科学研究、技术开发、生产应用相互脱节，使科技资源一体化配置面临严重的制度约束问题。

4.4.2.2 利益冲突因素

利益冲突是制约科技资源一体化配置的关键因素。在开放融合发展的国家科技创新体系框架下，科技资源一体化配置活动涉及军民不同科技创新主体、不同科技资源要素，主体多元，资源复杂，既有诸如军队院校、军队科研院所、军工科研院所和军工企业等从事国防科技创新与军品科研生产活动的传统国防科技资源，也有许多诸如地方高校、地方科研院所以及民用工业企业等参与国防科技创新与军品科研生产活动的新生力量，而且不同国防科技创新主体在军事技术装备创新及生产活动中存在利益诉求的不同。尤其是科技创新活动过程中"主角""配角"的争夺涉及相关利益的分割，必然导致不同科技创新主体间产生一定的利益冲突，从而影响不同科技创新主体间科技资源相互流动、有效整合、一体化配置。

4.4.2.3 社会文化因素

开放多元、合作共赢的社会文化环境是降低科技资源一体化配置交易成本和提高科技资源一体化配置效率的土壤。开放多元、合作共赢是科技资源一体化配置的突出特点，但是，传统的国防科技资源为单位所有、部门所有的旧体制，成果归属、利益分配的旧机制，以及高校、科研院所重成果轻应用，企业重生产轻科研的传统思想意识等形成的文化樊篱，再加上"同行是冤家"的嫉妒、封闭的心理痼疾和"一个和尚挑水喝、两个和尚抬水喝，三个和尚没水喝"的内耗文化，都影响着开放多元、合作共赢的社会文化环境的成功塑造，最终成为推进科技资源一体化配置的绊脚石。全社会要积极培育有利于科技资源一体化配置的文化环境和精神氛围，弘扬协同合作创新精神，为推动科技资源一体化配置和构建开放融合发展的国家科技创新体系提供不竭动力。

4.4.2.4 安全保密因素

安全保密是科技资源一体化配置的基本要求。习近平同志多次强调，"高端科技就是现代的国之利器",而"国之利器,不可以示人"①。尤其是军事关键核心技术和关键装备,事关国家国防安全,需要绝对保密。与传统的科技资源配置方式相比,科技资源一体化配置涉及军队、军工和民口三大创新系统内不同部门、不同行业、不同领域的创新主体和创新资源要素,创新主体多元,创新要素复杂,创新人才复杂多元,而且科技资源一体化配置往往是围绕国家安全与经济发展的重大战略需求,瞄准现代科技创新发展的最前沿、最尖端,创新周期长,创新环节多,这些都进一步加大了科技资源一体化配置的安全保密风险。尤其是国防科技创新与军品科研生产活动对于安全保密的特殊要求,必然要严格控制科技资源一体化配置的主体范围,提高参与一体化配置的科研机构、科研人员的选择标准,加大安全保密的风险教育与风险控制力度,从而在一定程度上影响着科技资源一体化配置效果。

---

① 中共中央文献研究室.习近平关于科技创新论述摘编[M].北京:中央文献出版社,2016:39-40.

5

推进科技资源一体化
配置的政策措施

科技资源一体化配置是推进现代科学技术开放融合发展和构建开放融合发展的国家科技创新体系的内在要求，是巩固提高一体化国家战略体系和能力的客观需要，不仅直接关系到国防科技创新能力、装备现代化水平和军队战斗力生成质量，还关系到国家科技创新竞争力、经济高质量发展和现代经济体系建设，更关系到建设社会主义现代化强国、全面建成世界一流军队和实现中华民族伟大复兴。基于前文的相关分析研究，聚焦科技资源配置的目标指向，本章提出推进科技资源一体化配置应该遵循的基本原则和应该采取的政策措施。这既是推进现代科技开放融合发展和构建开放融合发展的国家科技创新体系的现实要求，也是实现国防建设与经济建设统筹兼顾、协调发展以及巩固提高一体化国家战略体系和能力的战略需要。

5.1　目标指向

优化资源配置，直观上看应该通过选择合理的配置方式，实现配置结构的合理化，提高资源配置效率，提升资源使用效益。其实，通过对生产资源要素结构的合理化配置，还可以提高经济发展质量、增强经济社会发展能力，进而提高一个国家的国际竞争力。同样，科技资源一体化配置也是如此。在宏观上，科技资源一体化配置目标是构建一体化国家战略体系和能力，实现国防建设与经济建设统筹兼顾、协调发展；在中观上，科技资源一体化配置目标是推进现代科技开放融合发展和构建开放融合发展的国家科技创新体系；在微观上，科技资源一体化配置目标是实现不同科技创新主体科技资源配置结构的合理化和资源使用效率的提高。

5.1.1　宏观目标

巩固提高一体化国家战略体系和能力是统筹国防建设与经济建设、推进军民相互开放、融合发展的主要标志①。巩固提高一体化国家战略体系和能力，

----

①　顾建一．试论军民融合发展运行的十大原理[J]．军民两用技术与产品，2019(2)：20-25.

是党和政府为有效应对百年未有之大变局给国际安全发展环境带来的重大冲击，给我国主权、安全与发展带来的重大挑战所做出的国家战略安排。它要求我们聚焦建设社会主义现代化强国和实现中华民族伟大复兴，统筹经济建设与国防建设，实现国家安全战略与国家发展战略一体化设计、相互协调融合，形成一个涵盖政治、经济、军事、外交、科技、文化、生态等诸多领域战略要素的国家战略体系，优化国家各类战略资源配置结构，实现军民各类战略资源要素一体化配置，提高战略资源配置效率，最终实现国家安全战略能力和国家发展战略能力的根本性提升，为实现中华民族伟大复兴提供根本保证。

构建开放融合发展的国家科技创新体系，是巩固提高一体化国家战略体系和能力的重要内容，更是巩固提高一体化国家战略体系和能力的重要支撑。科技资源一体化配置将有助于拆除科技资源配置传统军民二元分割的樊篱，实现军队、军工和民口三大创新系统内各类科技创新资源要素的相互流动、优化组合和一体化配置，推动军民不同科技创新主体相互合作、开放竞争、资源共享、协同创新①，聚力实现基础科学研究的重大突破，合力破解"卡脖子"关键核心技术，协同创新战略性、前沿性、颠覆性科学技术，最终实现现代科学技术开放融合发展，为构建开放融合发展的国家战略体系和能力、实现国防建设与经济建设统筹兼顾、协调发展提供稳定可靠的现代科技支撑。

5.1.2 中观目标

推进现代科学技术开放融合发展，构建开放融合发展的国家科技创新体系，是科技资源一体化配置的中观目标。现代科学技术不仅是第一生产力，更是现代战争的核心战斗力。当前，新一轮科技革命和产业革命正在孕育兴起，新军事革命加速推进，世界主要国家纷纷加大战略科技投入力度，优化科技资源配置，努力抢占军事技术领域制高点，谋求军事技术竞争新优势。科学高效配置科技资源，推动军民科技开放融合发展，构建开放融合发展的国家科技创新体系，是当前国际科技竞争尤其是国际军事科技创新竞争的重要抓手。

但是，传统的军民二元分离的科技资源配置方式，军民相互独立的科技创

---

① 李应博. 科技创新资源配置：机制、模式与路径选择[M]. 北京：经济科学出版社，2009：222.

新体系，尤其是将国防科技创新体系独立于国家科技创新体系之外，已经无法满足新一轮科技革命的需要，也无法满足信息化、智能化战争形态对军事技术装备创新发展的现实需要，更不符合"大科学"时代现代科技创新发展的规律。科技资源一体化配置是最佳选择。可以说，在日趋激烈的国际竞争中，谁能够率先选择一体化的科技资源配置方式，谁就能够集中一国优势创新资源，在新一轮科技革命中拔得头筹，实现现代科技创新的整体突破，从而在国际科技竞争上取得优势，确保国家在国际竞争中抢得先机、占据主动和立于不败之地。科技资源一体化配置是适应现代科学技术开放融合发展的科学而又先进的资源配置方式，将有助于打破军队、军工和民口三大创新系统内创新资源要素自由流动、优化组合的体制障碍和利益樊篱，实现各创新主体之间的无障碍合作与协同创新，实现现代科学技术开放融合发展，最终形成一个开放融合发展的国家科技创新体系。

国防科技创新能力的高低直接决定着装备现代化水平的高低，更是影响到军队战斗力生成质量。以人工智能、量子信息、大数据、云计算等为代表的战略性、前沿性、颠覆性科技创新和以智能化装备为代表的大型现代装备系统研制，是一个极其复杂、极其困难的系统工程，依靠传统单个主体的散兵作战或浅层互动很难有突破性的进展，而分散于军队创新系统、军工创新系统和民口创新系统的不同科技创新主体间的协同和科技资源要素的共享，能够加速现代科技创新与智能化装备系统研制活动的进程。这就要求突破军民二元分割樊篱，促进军队、军工和民口三大创新系统之间不同创新主体、不同创新资源要素的良性互动、有效整合和一体化配置，实现军民科技协同化发展，从而实现国家科技创新能力的增强、装备现代化水平和军队战斗力生成质量的提高，为把我军全面建成世界一流军队提供坚实的物质技术支撑。

5.1.3　微观目标

科技资源一体化配置目标是实现不同科技创新主体科技资源配置结构的合理化和资源使用效率的提高。资源的有限性约束决定着科技资源在军队、军工和民口三大创新系统内的配置规模与配置结构不尽相同，不同创新主体的创新能力有强弱、创新优势有不同，进而造成这样一个结果：不同创新主体的发展规模、发展质量与发展前景也不尽相同。科技资源一体化配置有助于推动不同创新主体借助军队、军工和民口三大系统间创新资源要素的无障碍流动和优化组合，来促进自身科技资源配置规模、配置结构的优化和配置效率的提升，还可以充分利用技术的双向"溢出"效应来增强各类科技创新主体的自主创新能力，以实现基础科学研究的重大突破，逐步破解国防建设和经济建设面临的"卡脖子"关键核心技术难题，聚力创新战略性、前沿性、颠覆性的科学技术，为建设社会主义现代化强国、全面建成世界一流军队和实现中华民族伟大复兴提供稳定可靠的科技供给保障。

5.2　原则遵循

推动科技资源一体化配置，是推进现代科学技术开放融合发展和构建开放融合发展的国家科技创新体系的重要措施。科技资源一体化配置不仅直接关系到国防科技创新能力、装备现代化水平和军队战斗力生成质量，还关系到国家科技创新竞争力、经济高质量发展和现代经济体系建设，更关系到建设社会主义现代化强国、全面建成世界一流军队和实现中华民族伟大复兴。可以说，科技资源一体化配置事关国家主权、安全利益与发展利益，不可轻视。本书认为，推进科技资源一体化配置必须遵循以下四个基本原则。

5.2.1　军事优先原则

当前，国际社会正处于国际体系加速变革和深度调整的关键时期，国际安全形势发生着重大变化，我国外部安全环境面临的不确定性因素日益增多，安全风险和挑战不断加大。在这种情况下，建设巩固国防和强大军队，切实维护好国家主权、安全利益与发展利益乃当务之急。所以，推进科技资源一体化配置应该坚持军事优先原则。

巩固提高一体化的国家战略体系和能力，国防和军队现代化建设处于优先地位①。在日趋激烈的国际较量中，军事力量是保底手段。现代科学技术不仅是第一生产力，还是现代战争的核心战斗力。科技资源是现代科技创新的物质基础，其配置状况如何、结构是否合力、配置是否高效，不仅影响经济高质量发展，更影响军事力量建设，事关国家主权、安全与发展。求生存，谋发展，对一个国家和民族来讲，安全总是第一位的。因此，无论选择什么样的配置方式，其首要目的就通过优化科技资源配置，提高科技资源使用效率，增强科技创新能力，提高装备现代化水平和军队战斗力生成质量，以打赢可能发生的信息化、智能化条件下的现代战争，为维护国家主权、安全利益与发展利益提供坚实有力的军事力量保障。

面对国际社会百年未有之大变局，维护国家主权、安全利益与发展利益，推进科技资源一体化配置，必须坚持军事优先原则，即要求有限的科技资源要素首先向打赢现代化战争所急需的基础科学研究领域、关键核心技术领域以及战略性、前沿性、颠覆性技术领域汇聚，科学知识和技术创新成果首先要优先运用于军事领域，以不断提高我国国防和军队现代化建设水平，为全面建成世界一流军队和实现中华民族伟大复兴奠定坚实的国防基础。

5.2.2 统筹兼顾原则

在开放融合发展的国家科技创新体系架构下，推进科技资源一体化配置应该遵循统筹兼顾原则。科技资源一体化配置涉及军队、军工和民口三大创新系统内的不同创新主体和各类创新资源要素，主体多元、结构复杂，目标选择不尽相同，利益诉求存在一定差异。因此，推进科技资源一体化配置必须统筹国防建设与经济建设所提出的科技创新需求，既要满足提高全要素生产率和促进经济高质量发展的科技创新需求，又要满足创新驱动军队高质量发展的军事科技创新需要；必须统筹使用好军队、军工和民口三大创新系统的不同创新主体和各类创新要素，突破不同国防科技创新主体间有形或无形的各种壁垒，实现军民科技创新资源要素的重新整合和高效集成，提高资源配置效率。

推进科技资源一体化配置要坚持现代科技创新开放融合发展，一方面要坚

---

① 中联办财经研究院课题组. 军民融合科技创新应坚持军用优先[J]. 中国对外贸易，2019(10)：76-77.

持军事技术装备创新优先，另一方面要兼顾好民口创新系统不同创新主体的创新发展诉求，以同时满足军用技术和民用技术的创新需求，实现安全与发展的有效兼顾。在科技资源一体化配置中，统筹兼顾原则还体现在如何处理政府与市场的关系上，也就是说，既要充分发挥市场在资源配置中的决定作用，又要发挥好政府的宏观调控作用，实现政府与市场的协调共生。

5.2.3 科学高效原则

推进科技资源一体化配置应该坚持科学高效原则。科技资源的有限性、战略性要求在科技资源一体化配置过程中必须坚持效率优先的原则，满足机会成本最低化要求，最大限度地在生产可能性边界线上配置科技资源，实现科技资源配置的帕累托最优。所以，推进科技资源一体化配置就是要实现方式科学化、结构合理化、配置高效化，从而充分释放军民两类创新主体创新要素的创新活力，以在最短的时间内增强我国科技创新能力，推动经济高质量发展和军队现代化建设转移到创新驱动轨道上来。

在推动科技资源一体化配置的过程中，要坚持机会成本最低化原则，也就是说要把有限的科技资源配置到能带来最大收益的基础科学研究领域、关键核心技术，以及战略性、前沿性、颠覆性技术领域或部门。这里所讲的最大收益不仅仅是讲经济收益，主要讲的是国家安全收益。如果不能够把有限的科技资源配置到收益最大化的技术装备创新及生产领域或部门，就会造成科技资源的非经济、非理性配置，配置效率低下，资源浪费严重。

5.2.4 协调发展原则

推进科技资源一体化配置应该坚持协调发展原则。破解"大炮和黄油"之争的魔咒，实现国防建设与经济建设的协调发展，是一个国家良性发展的基本要求。实现国防建设和经济建设的统筹兼顾、协调发展，就要求协调经济建设需求和军事发展需求，坚持现代科学技术开放融合发展，着力推动军队、军工和民口三大创新系统内的不同创新主体间创新资源相互流动、优化整合、一体化配置，着力推动军用技术与民用技术的协同创新和融合发展①。同时，在科技资源一体化配置中，还要注重协调基础研究与应用研究之间创新资源投入的规模适度化、结构合理化，协调好产学研用等不同环节之间创新资源要素配置的优化问题，最大限度地提高科技资源配置效率。

协调发展原则还体现在科技资源一体化配置中不同创新主体、创新资源要素间的利益关系、合作关系的协调上，实现军队、军工和民口三大创新系统内不同创新主体的利益相容，促进资源要素的有机协调融合，形成协同创新活力，并充分释放不同创新主体、不同创新要素的创新动力，推进现代科学技术开放融合发展，为促进国防建设与经济建设协调发展提供统一的技术装备支撑。

5.3　具体措施

科技资源一体化配置是"实现资源最佳配置和力量最佳凝聚的优胜之路"②。推进现代科学技术开放融合发展，建设开放融合发展的国家科技创新体系，巩固提高一体化国家战略体系和能力，要求科学设计与制定推进科技资源一体化配置的政策措施，以有效克服科技资源分散和不同科技创新活动主体间相互隔绝的难题，提高科技资源配置效率，聚力基础科学研究，合力破解关键核心技术，协同创新战略性、前沿性、颠覆性科学技术，不断增强国家科技创新竞争力，推动经济高质量发展和装备现代化建设，为全面建成世界一流军队、建设社会主义现代化强国和实现中华民族伟大复兴提供坚实可靠的技术装备支撑。

5.3.1　构建科技资源一体化配置体系

5.3.1.1　推进国内不同科技资源的系统集成

推进国内不同科技资源的系统集成就是政府通过合理调整军队、军工、民

---

① 冯呈祥. 军民技术协调发展的制度保障研究[J]. 科技创业，2011(18)：14-15.
② 焦锐. 协同创新势在必行[N]. 解放军报，2012-12-20(012).

口等科技创新系统内的科技资源的配置规模与配置结构，优化重组其专业方向、任务，实现分散于不同领域、不同部门、不同行业的科技资源的相对集中。同时，要大力促进各类军用技术、民用技术研发的需求互通与科技成果的双向转化，推进军队院校、军工科研院所、地方高校、地方科研院所以及军工企业、民用工业企业的横向联合，整合各种科技资源，相互合作，协同创新，共同推进现代科技创新与现代化装备研制活动的有效开展。因此，通过把分散于军队、军工和民口三大创新系统内不同领域、不同部门、不同行业的各类科技资源的科学整合、有效集成，建立科技资源系统集成体系，提高各类科技资源参与现代科学技术创新发展的积极性，激活各类科技创新资源要素的创新活力，既发挥了政府的激励引导职能，同时也体现了不同科技资源间的协调互动。

5.3.1.2　创新现代科技创新基础条件共享机制

现代科技创新基础条件建设的科学化与配置的合理化，是推进科技资源一体化配置的内在要求。当前，我国科技创新设施、基地和资源等条件建设明显改善，但是也存在着资源分布不均，优质资源过于集中，资源闲置浪费，缺少跨学科、跨地区、跨部门、跨领域的实验设备开放和共享机制等问题。因此，需要通过加强科技创新基础条件的公共平台建设，科学建构军队院校及其科研院所、军工企业及其科研院所、地方高校及其科研院所和民用工业企业间相互开放共享科研设施、设备的科学运行机制，以支持各种形式的科技资源能够及时、充分享用所需要的基础设施与平台，从而有效提高现代科技创新能力与现代化装备研制能力。

5.3.1.3　切实推进科技资源的全球化配置

全球化配置科技资源是科技资源一体化配置体系的重要补充内容。经济全球化实质是谋求社会生产要素在全球范围内的自由配置，以提高有限资源的利用效率[①]。伴随经济全球化浪潮的风起云涌，适应"大科学"时代科技创新规律需要，尤其是适应以人工智能、量子信息、大数据、云计算等为代表的战略性、前沿性、颠覆性科技创新和以智能化装备为代表的大型现代装备系统研制

---

① 罗肇鸿. 世界经济全球化的积极作用和消极影响[J]. 太平洋学报，1998(4)：3-5.

的现实需要，要求充分利用经济全球化带来的机遇，在全球范围内整合和利用一切可以利用的科技资源，开展更大范围、更深层次的科技创新领域内的国际协同创新活动，实现现代科技创新与重大装备研制领域的相关人力资源、物力资源、财力资源和信息资源在全球范围内无障碍流动和高效配置，不断提高科技创新能力与现代化装备科研生产能力。

5.3.2 科学设计科技资源一体化配置的动力机制

需求牵引、政策引导和利益驱动是推动科技资源一体化配置的动力保障。实现科技资源一体化配置，要求设计一个需求牵引、政策引导、利益驱动相统一的动力机制，引导、激励分散于军队、军工和民口三大创新系统内不同领域、不同部门、不同行业的科技资源实现科学整合、有机协同配置。

5.3.2.1 需求牵引

维护国家安全、主权与发展所形成的重大战略需求，引导着现代科技创新与现代装备发展的战略方向。推进科技资源一体化配置，必须从顶层设计入手，建立"以需求牵引建设"的现代科技创新机制，紧密围绕国家安全与经济发展的重大战略需求，有效整合与合理配置分散于不同领域、不同部门、不同行业以及不同国家的科技资源，密切合作、协同创新发展，切实解决好建设世界一流军队和现代经济体系所面临的关键核心技术难题，突破现代科技创新和现代装备发展尖端领域的战略性、前沿性、颠覆性科技创新问题。

5.3.2.2 政策引导

推动科技资源一体化配置，党和政府的相关政策具有不可忽视的引导和推动作用。科技资源一体化配置涉及政府系统、军队系统、军工系统、民口系统内的多个科技创新主体、各类科技资源要素，创新主体多元、资源要素宽泛，所以要保证科技资源一体化配置的有序开展和良性运行，党和政府必须进一步强化组织保障和政策支持。首先，加强科技资源一体化配置的顶层设计，积极组建由国家、军队相关部门组成的协调指导机构，对科技资源实施分类、分级指导，推动科技资源的有序整合和配置优化。其次，遵循"整合、共享、完善、提高"原则，逐步健全科技资源开放共享的政策法规体系，消除条块分割、相互封闭、重复分散的障碍。最后，有效运用金融、税收、法律多种政策措施来充分促进各类科技资源相互流动、优化组合和协同创新。

5.3.2.3　利益驱动

利益驱动是科技资源一体化配置的重要动力。合理运用利益驱动机制，是不同现代科技创新主体之间实现优势互补、分工明确、成果共享、风险共担的科技资源一体化配置的关键环节。首先，建立利益牵引机制。鼓励、刺激和保障不同科技创新主体充分释放和追求合理的经济利益和精神利益，由此引导不同创新主体产生强烈的一体化配置资源意愿，推动军民不同科技创新主体间突破壁垒，实现科技资源的高效整合与深度合作。其次，完善利益分配机制。利益分配问题是实现科技资源一体化配置的关键。按照公开、公平、公正的原则，合理设计科技资源一体化配置中不同科技创新主体间的利益分配方案，科学确定不同科技创新主体间利益分配的具体规则和方法，以利益分配链条紧密连接一体化配置结构中不同科技创新主体、不同科技资源。最后，健全风险互担机制。科技资源一体化配置结构中的不同科技创新主体、不同科技资源在开展重大科技创新活动前，应该科学设计有效的风险分担机制，明确不同科技创新主体、不同科技资源的目标任务、责任与义务，制定量化考核指标，分层次、分阶段分解风险责任。

5.3.3　搭建科技资源一体化配置的保障平台

5.3.3.1　制度保障平台

科技资源一体化配置涉及不同科技创新主体，科技人力资源结构复杂，保密意识不一，利益诉求不同，安全风险较大。现代科技是国之利器，事关国家主权、安全利益与发展利益，不可轻易示人，需要加强安全防护。这就必然要求建立健全有关科技资源一体化配置的法律制度，对科技资源一体化配置结构中各创新主体之间的法律问题提供科学、合理和高效的服务与援助。当前，要加快相关法律法规及行业标准的修订统一，明确不同创新主体的准入范围、参与程度和作用边界，不断提高行业标准的军民通用性[①]。

---

① 张志远，梁新，陈国卫. 我国科技创新体系军民融合发展探析[J]. 海军工程大学学报，2017(4)：47-51.

5.3.3.2 信息互通平台

信息互通是减少信息不对称，进而减少道德风险、逆向选择问题的有效手段。科技资源一体化配置由于涉及的科技资源分散于不同领域、不同部门、不同行业甚至是不同国家，因此需要建立并不断健全科技信息发布交易服务平台，要求凡是受国家财政资助的各类科技创新平台以及国家、军队及省级重点实验室、工程（技术）研究中心、企业技术中心科技项目和科研基础设施等，均要依法向不同需求主体提供资源开放共享服务；成立军用技术、民用技术及军民两用技术信息交流中心，实现科技创新信息资源在不同科技创新主体之间无障碍流动；积极培育市场化、专业化中介服务机构，强化技术中介"牵线搭桥"功能，为科技资源一体化配置提供有效的信息服务。

5.3.3.3 组织依托平台

实现科技资源一体化配置需要依托现代科技协同创新中心、军民开放协同发展研究机构、军民结合产业基地等不同组织机构。当前，政府职能部门如工业和信息化部、国家国防科技工业局等部门在陕西、湖北、四川、贵州、北京、上海、甘肃等地，先后认定和挂牌了 20 多个国家级军民结合产业基地，国防科技大学、哈尔滨工业大学等高校先后与地方政府、其他高校联合成立各类军民开放协同发展研究机构。这些组织机构的成立对整合各类科技资源、协同攻克关系到国家安全与发展利益的共性技术与关键技术、转化科技成果、孵化战略性新兴产业等将发挥积极作用。

5.3.4 实现政府与市场的关系协调

"处理好政府与市场的关系"是研究资源配置问题的一个经典命题，也是我国社会主义经济体制改革需要解决的核心问题。科技资源作为推动科技创新与现代装备发展的"第一资源"，能否实现合理化、科学化和高效化配置，不仅直接关系到我国科技创新能力和军品科研生产能力建设，更关系到建设创新型国家和经济高质量发展。正如前文分析，科技资源既具有公共物品属性，也具有一定程度的私人物品属性。正是由于这种"公""私"兼顾的混合物品属性，科技资源一体化配置过程中必然要求合理运用政府与市场的力量，实现资源配置的科学高效。因此，实现科技资源一体化配置，核心问题仍然是"处理好政府与市场的关系",需要找到政府与市场关系的恰当的平衡点①,厘清各自的作用方式、作用范围和作用边界。

5.3.4.1 充分发挥市场在科技资源一体化配置中的引导作用

科技资源是社会经济资源要素的重要内容,具有经济资源的一般属性,其配置必然要遵循经济资源配置的一般规律与要求。在经济资源配置中,市场是最有效的。在 2020 年 3 月 30 日发布的《中共中央 国务院关于构建更加完善的要素市场化配置体制机制的意见》中,明确指出要"充分发挥市场配置资源的决定性作用,畅通要素流动渠道,保障不同市场主体平等获取生产要素,推动要素配置依据市场规则、市场价格、市场竞争实现效益最大化和效率最优化"②。

作为现代科技创新发展的物质基础,科技资源是国家战略资源,不能完全由市场"决定"配置。对于国家战略资源的配置问题,2014 年 3 月 14 日,习近平同志在中央财经委员会第五次会议上明确指出:"有的领域如国防建设,就是政府起决定性作用。一些带有战略性的能源资源,政府要牢牢掌控,但可以通过市场机制去做。"③也就是说,考虑到科技资源的国家战略资源属性,其配置不能由市场完全"决定",而是在确保政府"牢牢控制"的前提下发挥市场作用。所以,《中共中央关于全面深化改革若干重大问题的决定》指出要"健全技术创新市场导向机制,发挥市场对技术研发方向、路线选择、要素价格、各类创新要素配置的导向作用"④。市场在科技资源一体化配置中应该扮演"引导者"的角色,发挥"导向作用",由市场"引导"科技资源一体化配置。

充分发挥市场在科技资源一体化配置中的引导作用,就是要在统一开放、竞争有序市场体系的框架下,推动军队、军工、民口三大创新系统内不同创新主体、各类创新要素按照竞争机制、价格机制、契约约束等市场规律和市场法

---

① [美]维托·坦茨. 政府与市场变革中的政府职能[M]. 北京:商务印书馆,2014:1.

② 新华社. 中共中央国务院关于构建更加完善的要素市场化配置体制机制的意见[EB/OL]. http://www.gov.cn/zhengce/2020-04/09/content_5500622.htm.

③ 中共中央文献研究室. 习近平关于社会主义经济建设论述摘编[M]. 北京:中央文献出版社,2017:58.

④ 中共中央文献研究室. 十八大以来重要文献选编[M]. 北京:中央文献出版社,2017:519.

则，自由流动、优化配置，提高科技资源配置效率。尤其是通过创新资源要素和产品的市场价格来释放信号，引导民口创新系统的创新主体、创新资源根据价格高低做出符合自身利益诉求的市场选择，积极参与现代技术装备创新及生产活动；利用竞争机制来引导调整军民科技资源的配置规模、配置结构，提高科技资源一体化配置效率。

5.3.4.2 更好地发挥政府在科技资源一体化配置中的主导作用

实践证明，资源配置，市场是最佳选择。但是，"如果优先的和主要的选择倾向于市场，那么，因为涉及与市场失灵的广泛性和不可避免性相关的种种原因"①，我们应该对更好地发挥政府（非市场）在科技资源一体化配置中的宏观调控作用给予足够重视。由于现代科学技术不仅是第一生产力，还是现代战争的核心战斗力，那么作为现代科技创新的物质基础，科技资源配置当然"涉及诸如国防和国家安全之类的纯公共产品的生产"，具有公共产品属性，再加上市场配置的交易费用较高和资源配置的博弈色彩，往往导致市场在科技资源一体化配置中的无效率或低效率②。例如，基础研究往往是现代科技创新的源头，但是由于投入规模大、创新周期长、创新突破难度高，见效速度较慢，仅仅依靠市场机制很难让那些创新主体，尤其是民营企业的创新资源投入基础研究中，而是受趋利性影响更愿意关注那些投入小、周期短、见效快的创新项目。这就导致在基础研究甚至是一些研制周期较长的重大军事技术装备创新项目上出现资源配置的"市场失灵"现象。这就需要充分发挥政府在科技资源一体化配置过程中的宏观调控作用，以有效克服"市场失灵"，弥补市场不足，加大对基础性、长远性、战略性技术装备创新项目投入的支持力度，以优化科技资源一体化配置结构，提高科技资源一体化配置效率。

更好发挥政府主导作用，一是要积极采取需求牵引、产业规划、财税金融服务、科技政策支持及创新人才培养等措施手段，解决科技资源一体化配置中存在的经济外在性问题、信息沟通问题和公共物品供给问题，以有效弥补市场缺陷。二是要合理确定政府行为边界。政府应该重点解决"市场失灵"问题，

---

① 查尔斯·沃尔夫. 市场还是政府：市场、政府失灵真相 [M]. 重庆：重庆出版社，2009：148.

② 宋宇. 科技资源配置过程中的难点和无效率现象探讨 [J]. 数量经济技术经济研究，1999（10）：29-31.

聚焦技术装备创新需求，充分发挥政策牵引、投入导向及制度保障的作用，引导科技资源向事关国家安全与发展全局的基础研究领域、重大装备工程研制聚集，以夯实技术装备创新的基础，提高我国科技创新能力和国际竞争力。三是要营造良好的运行环境。科技资源一体化配置需要良好的运行环境。政府要坚持法治先行，积极营造一个结构科学、门类齐全、配套协调、全面覆盖科技资源一体化配置的法律规范体系，运用法治思维来约束不同创新主体、创新要素的行为选择，确保不同创新主体、创新要素在一个公开、公平、公正的法治环境下自由流动、自由选择和自由组合，提高科技资源一体化配置效率，增强技术装备创新能力。

5.3.4.3 建立健全政府与市场的关协协调机制

无论是市场还是政府，都在科技资源一体化配置中扮演着重要角色，发挥着重要作用，都是为弥补对方的"失灵"或"失效"而存在并发挥各自的优势。因此，推进科技资源一体化配置，市场与政府之间并不是非此即彼的选择关系，而是可以实现协调共生的关系。

在科技资源一体化配置中，实现政府与市场的关系协调共生，关键在于厘清政府与市场各自在科技创新资源配置中的行为边界、作用范围及其作用强度。例如，发展军民两用技术，尤其是民用前景更为看好的科技创新，就需要充分发挥市场决定作用；对于事关国家安全大局的基础研究、重大军事技术装备工程，投入大、风险大、周期长、见效慢，趋利的创新主体不愿参与，在这种情况下就应该发挥政府的主导作用。基于对科技资源的物品属性划分，不同物品属性的科技资源要素在配置过程中，政府与市场各自扮演的角色与发挥的作用不尽相同（见表5-1）。

表5-1 国防科技资源各类要素配置中政府与市场的组合关系

属性	纯公共物品（科技组织资源、科技信息资源）	准公共物品（科技物力资源）	私人物品（科技财力资源）
政府作用力	主导配置	配置力较强	政府宏观调控
市场作用力	辅助作用	配置力较弱	市场决定性作用

在科技资源一体化配置中要妥善处理好政府与市场的关系，既充分发挥市场的引导作用，又更好地发挥政府的主导作用，目前来看，迫切需要做的是建立健全实现政府与市场有效集合的"中间组织"，也就是独立于政府与军队、军工、民口三大创新系统之外的力量组织，主要包括市场中介、行业协会、认证机构等。这些中间组织既不是政府机构，又不同于参与军事技术装备创新及生产的市场（创新）主体，但又和二者存在着千丝万缕的联系，足以起到协调政府与市场关系的桥梁纽带作用。

参考文献

［1］Adam Smith. An Inquiry into the Nature and Causes of the Wealth on Nation［M］. New York：Oxford University Press，1776.

［2］A. Charnes，W. Cooper，E. Rhodes. Measuring the Efficiency of Decision Making Units［J］. European Journal of Operational Research，1978(2)：429-444.

［3］D. P. Leech. Conservation，Intergration and Foreign Dependency：Prelude to a New Economic Security Strategy［J］. Geojournal，1993，31(2)：193-206.

［4］D. W. Caves，L. R. Christensen，W. E. Diewert. The Economic Theory of Index Number and the Measurement of Input/Output and Productivity［J］. Econometrics，1982(5)：1393-1414.

［5］Griliches Zvi. Patent Statistics as Economic Indicators：A Survey［J］. Journal of Economic Literature，1990，28(4)：1661-1707.

［6］L. Walras. Elements of Pure Economics［M］. London：Allen and Unwin Press，1954.

［7］Malmquist Sten. Index Number and Indifference Surface［J］. Tapajos de Estandistica，1953(4)：209-232.

［8］Nikolaus Piper. Die Grossen Ökonomen Zeit-Bibliothek DerÖkonomie［M］. Stuttgart：Schäffer-Poeschel Verlag，1996.

［9］R. Fare，S. grosskopf，C. A. K. Lovell. Production Frontier［M］. Cambridge：Cambridge University Press，1994.

［10］T. C. Koopmans. Three Essays on the State of Economic Science［M］. New York：McGraw-Hill Book Company，1957.

［11］［法］莱昂·瓦尔拉斯. 纯粹经济学要义［M］. 蔡受百，译. 上海：

商务印书馆，1987.

［12］［美］考什克·巴苏．经济学的真相：超越看不见的手［M］．北京：东方出版社，2011.

［13］［美］诺斯，托马斯．西方世界的兴起［M］．北京：华夏出版社，2009.

［14］［美］维托·坦茨．政府与市场变革中的政府职能［M］．北京：商务印书馆，2014.

［15］［美］雅科·S. 甘斯勒．21 世纪的国防工业［M］．北京：国防工业出版社，2013.

［16］［英］亚当·斯密．国民财富的性质和原因的研究（下卷）［M］．中译本．北京：商务印书馆，1974.

［17］［英］约翰·基根．战争史［M］．时殷弘，译．北京：商务印书馆，2010.

［18］E. G. 菲吕博腾，S. 配杰威齐．产权与经济理论：近期文献的一个综述［A］// R. H. 科斯．财产权利与制度变迁［M］．上海：上海三联书店，上海人民出版社，1996.

［19］白国龙．我国大幅放宽军品市场准入，千余家民营单位获武器装备科研生产资质［EB/OL］．http：//zb. 81. cn/content/2016 - 07/01/content _ 7128457. HTML.

［20］百度百科．一体化［EB/OL］．https：//baike. baidu. com/item/％E4％B8％80％E4％BD％93％E5％8C％96/912013？fr＝aladdin.

［21］保罗·萨缪尔森，威廉·诺德豪斯．经济学（第 17 版）［M］．北京：人民邮电出版社，2007.

［22］本书编写组．党的二十大报告辅导读本［M］．北京：人民出版社，2022.

［23］本书编写组．党的十九大报告辅导读本［M］．北京：人民出版社，2017.

［24］毕京京，肖冬松．中国军民融合发展报告 2016［M］．北京：国防大学出版社，2016.

［25］查尔斯・J. 希奇，罗兰・N. 麦基恩 . 核时代的国防经济学［M］. 中译本 . 北京：北京理工大学出版社，2007.

［26］查尔斯・沃尔夫 . 市场还是政府：市场、政府失灵真相［M］. 重庆：重庆出版社，2009.

［27］陈宝明 . 开放、融合下的科技创新合作［J］. 科技中国，2017（11）：36-37.

［28］陈炳福 . 国防支出经济学［M］. 北京：经济科学出版社，2003.

［29］陈波 . 国防经济学［M］. 北京：经济科学出版社，2010.

［30］陈建 . 如何加强军民科技资源集成融合［N］. 学习时报，2012-08-27.

［31］陈军辉，陶帅 . 加速构建军民一体化科技创新体系［N］. 中国国防报，2018-08-10（003）.

［32］陈璐怡，邵珠峰，等 . 过程视角下军民融合科技创新体系分析框架研究［J］. 科技进步与对策，2018（20）：120-127.

［33］陈强，夏星灿 . 建制性科技力量与社会创新力量融合：美国和德国的经验及启示［J］. 创新科技，2023（1）：78-91.

［34］陈永龙，李福生 . 军民一体化装备保障建设研究［J］. 装备学院学报，2012（2）：37-40.

［35］成卓 . 我国军民一体化创新体系概念、演进和举措研究：基于政策文本的量化分析［J］. 军民两用技术与产品，2019（6）：30-34.

［36］辞海（第六版）［M］. 上海：辞书出版社，2010.

［37］邓一非 . 加速构建军民一体化科技创新体系［N］. 中国国防报，2018-08-02（003）.

［38］丁厚德 . 科技资源配置的战略地位［J］. 哈尔滨工业大学学报（社会科学版），2001，3（1）：35-41.

［39］杜人淮 . 美国防科技工业军民一体化的政策选择［J］. 军事经济研究，2002（11）：66-69.

［40］段婕 . 中国西部国防科技工业发展研究［M］. 北京：经济管理出版社，2011.

［41］恩格斯 . 暴力论（续）［A］//中共中央编译局 . 马克思恩格斯文集（第

9卷)[M].北京：人民出版社，2009.

[42] 冯呈祥．军民技术协调发展的制度保障研究[J].科技创业，2011(18)：14-15.

[43] 葛永智，侯光明．中国国防科技政策与军民一体化[J].国防科技，2009(1)：34-37.

[44] 谷德斌．国防科技工业资源配置模式下主导性产业选择与发展研究[D].哈尔滨：哈尔滨工程大学，2010.

[45] 顾建一．试论军民融合发展运行的十大原理[J].军民两用技术与产品，2019(2)：20-25.

[46] 郭中侯，孙兆斌．基于协调发展视角的国防资源配置研究[M].北京：人民出版社，2013.

[47] 郭中侯，张涛．论经济建设与国防建设资源一体化配置[J].中国军事科学，2016(3)：48-56.

[48] 国家统计局．2018年全国专利密集型产业增加值数据公告[EB/OL].http：//www.stats.gov.cn/tjsj/zxfb/202003/t20200313_1731898.html.

[49] 国务院．国家中长期科学和技术发展规划纲要(2006—2020年)[EB].国务院公报，2006年第9号．

[50] 何永波．军民结合、寓军于民、军民融合、军民一体化区别与联系[J].中国科技术语，2013，15(6)：29-32.

[51] 贺新闻，侯光明．基于军民融合的国防科技创新组织系统的构建[J].中国软科学，2009(S1)：332-337.

[52] 侯光明．国防科技工业军民融合发展研究[M].北京：科学出版社，2009.

[53] 胡长生．科技跨越发展的政策选择研究[M].南昌：江西人民出版社，2008.

[54] 黄昆仑．创新驱动是决定我军前途和命运的关键[N].解放军报，2016-03-21(007).

[55] 纪建强．国防科技资源全球化配置研究[J].中国国情国力，2013(5)：41-43.

［56］季燕霞．新增长理论的贡献及其对我国的启示［J］．当代经济研究，2002（10）：23-26.

［57］江苏省国防动员委员会经济动员办公室．国防科技工业体制改革的历史回顾［R］．厦门：国防经济研究中心年会，2008.

［58］江泽民．在九届人大五次会议解放军代表团全体会议上的重要讲话［N］．解放军报，2002-03-13（001）.

［59］姜东良，谢文秀．装备采办市场中寻租行为的博弈分析［J］．当代经济，2017（1）：126-128.

［60］焦锐．协同创新势在必行［N］．解放军报，2012-12-20（012）.

［61］库桂生．国防经济学说史［M］．北京：国防大学出版社，1998.

［62］李建华，刘伶利，郑东．科技资源要素的特征及作用机制［J］．经济纵横，2007（3）：51-53.

［63］李龙一．科技资源配置的模式研究［J］．科技导报，2003（12）：16-19.

［64］李平．R&D资源约束下中国自主创新能力提升的路径选择［M］．北京：人民出版社，2011.

［65］李艳．航空航天，谁率先突破谁飞得高［N］．科技日报，2010-03-05（005）.

［66］李依琳．从"林达尔均衡"看全球性公共产品供给困境及对策［J］．学习月刊，2011（6）：53-54.

［67］李应博．科技创新资源配置：机制、模式与路径选择［M］．北京：经济科学出版社，2009.

［68］李宗植等．国防科技动员教程［M］．哈尔滨：哈尔滨工程大学出版社，2009.

［69］联办财经研究院课题组．军民融合科技创新应坚持军用优先［J］．中国对外贸易，2019（10）：76-77.

［70］林鹏生．农村公共产品供给现状及对策研究［J］．财政研究，2008（4）：30-33.

［71］林学军．基于全球创新链的军民融合创新体系研究［J］．南京政治学院学报，2018（6）：63-70.

［72］刘戒骄，方莹莹，王文娜．科技创新新型举国体制：实践逻辑与关键要义［J］.北京工业大学学报(社会科学版)，2021(5)：89-101.

［73］刘伶俐．科技资源配置理论与配置效率研究［D］.长春：吉林大学，2007.

［74］刘伟，杨云龙，等．资源配置与经济体制改革［M］.北京：中国财政经济出版社，1989.

［75］卢周来．中国国防经济学：2004［M］.北京：经济科学出版社，2005.

［76］罗杰·A.阿诺德．经济学(第5版)［M］.北京：中信出版社，2004.

［77］罗肇鸿．世界经济全球化的积极作用和消极影响［J］.太平洋学报，1998(4)：3-5.

［78］吕景舜，戴阳利．美国军民一体化政策分析［J］.卫星应用，2014(9)：46-49.

［79］马惠军．国防研发投资研究［M］.北京：中国财政经济出版社，2009.

［80］马克思．资本论.第三卷［M］.北京：人民出版社，2004.

［81］马克思恩格斯全集.第二十三卷［M］.北京：人民出版社，1972.

［82］马勇，高延龙．科技资源使用效率研究［J］.东北师大学报(哲学社会科学版)，2002(3)：24-28.

［83］马振龙．军事技术军民一体化发展的必然选择［J］.科技信息，2009(18)：115.

［84］曼昆．经济学原理微观经济学分册［M］.北京：北京大学出版社，2009.

［85］宁怀芳．资源配置与资源配置机制［J］.郑州大学学报(哲学社会科学版)，1995(06)：25-28.

［86］潘云鹤．以科技创新支撑加快转变经济发展方式［N］.科技日报，2011-08-03(001).

［87］平洋．国防科技工业开放式创新科研模式研究：基于军民融合视

角[J]. 科技进步与对策，2013（2）：102-107.

[88] 全军军事术语管理委员会和军事科学院. 中国人民解放军军语[M]. 北京：军事科学出版社，2012.

[89] 阮汝祥. 中国特色军民融合理论与实践[M]. 北京：中国宇航出版社，2009.

[90] 沈赤，章丹. 政府优化科技资源配置研究：评价指标体系构建及政策建议[M]. 北京：北京大学出版社，2013.

[91] 单春霞. 基于DEA-Malmquist指数方法的高新技术产业R&D绩效评价[J]. 统计与决策，2011（2）：70-74.

[92] 师萍，李桓. 科技资源体系内涵与制度因素[J]. 中国软科学，2000（11）：55-56，120.

[93] 师萍，张蔚红. 中国R&D投入的绩效分析与制度支持研究[M]. 北京：科学出版社，2008.

[94] 石奇义，李景浩. 美国推进军民一体化的主要措施[J]. 国防技术基础，2007（5）：38-40.

[95] 宋宇. 科技资源配置过程中的难点和无效率现象探讨[J]. 数量经济技术经济研究，1999（10）：29-31.

[96] 孙宝凤，李建华. 基于可持续发展的科技资源配置研究[J]. 社会科学战线，2001（5）：36-39.

[97] 孙霞，赵林榜. 军民融合国防科技创新体系中企业的地位与作用[J]. 科技进步与对策，2011（23）：91-95.

[98] 孙鑫婧，李东，韩政. 推进国防科技建设军民融合深度发展[J]. 国防科技，2016（3）：10-13.

[99] 索普. 理论后勤学[M]. 北京：解放军出版社，1986.

[100] 谭清美，王子龙. 军民科技创新系统融合方式研究[M]. 北京：科学出版社，2008.

[101] 唐琼婕，戴伟. 基于ANP的国防科技创新体系综合能力评估[J]. 科技与创新，2019（22）：5-9.

[102] 汪涛，李石柱. 国际化背景下政府主导科技资源配置的主要方式分

析[J]．中国科技论坛，2002(4)：64-66.

[103] 王海峰，罗亚非，范小阳．基于超效率 DEA 的 Malmquist 指数的研发创新评价国际比较[J]．科学与技术管理，2010(4)：42-49.

[104] 王慧岚．构建军民融合的国家创新体系[N]．科技日报，2009-10-20(006).

[105] 王加栋．美国航空工业军民融合发展战略及其对我国的启示[J]．全国商情(经济理论研究)，2008(17)：31-33.

[106] 王凯，肖杰，闫耀东，等．军民一体化装备保障运行机制研究[J]．装备指挥技术学院学报，2010(2)：34-37.

[107] 王亮．区域创新系统资源配置效率研究[M]．杭州：浙江大学出版社，2010.

[108] 王淑平，张军．发达国家推进军民一体化建设的主要经验[J]．军事经济研究，2008(2)：79-80.

[109] 温新民，左金凤．军民一体化基础上的国防技术创新体系建设[J]．科学学与科学技术管理，2007(S1)：74-77.

[110] 闻晓歌．"军民融合"制度变迁研究[J]．军事经济研究，2008(9)：27-30.

[111] 吴和成，华海岭．工业企业科技活动效率评价实证研究[M]．北京：科学出版社，2010.

[112] 吴民．战略性新兴产业整装上路：解读《国务院关于加快培育和发展战略性新兴产业的决定》[J]．中国高新技术企业，2010(11)：21-24.

[113] 吴献东．军工企业与资本市场和政府的关系：从白宫为什么能"hold 住"华尔街上的军工巨头说起[M]．北京：航空工业出版社，2013.

[114] 武义青，窦丽琛．提高全要素生产率的路径选择[N]．河北日报，2016-03-25(013).

[115] 习近平．习近平谈治国理政(第二卷)[M]．北京：外交出版社，2017.

[116] 习近平．加快构建新发展格局　增强发展的安全性主动权[N]．解放军报，2023-02-02(001).

［117］习近平．高举中国特色社会主义伟大旗帜　为全面建设社会主义现代化国家而团结奋斗：在中国共产党第二十次全国代表大会上的报告［M］．北京：人民出版社，2022．

［118］习近平．切实加强基础研究夯实科技自立自强根基［N］．解放军报，2023－02－23（001）．

［119］习近平．为建设世界科技强国而奋斗［N］．人民日报，2016－06－01（001）．

［120］习近平．在科学家座谈会上的讲话［N］．解放军报，2020-09-12（001）．

［121］习近平．在中国科学院第十九次院士大会、中国工程院第十四次院士大会上的讲话［N］．解放军报，2018-05-29（001）．

［122］夏世进．民用科技力量进入国防工业市场的博弈分析［J］．军事经济研究，2007（10）：21-24．

［123］向晓梅．战略性新兴产业是现代产业体系的核心内容和关键环节［N］．南方日报，2010-11-03（002）．

［124］新华社．中共中央国务院关于构建更加完善的要素市场化配置体制机制的意见［EB/OL］．http：//www. gov. cn/zhengce/2020－04/09/content_5500622. htm.

［125］徐晖，党岗，吴集．促进研究型大学融入国防科技创新体系的思考［J］．科学学研究，2007（6）：50-52．

［126］许葳．试论福利经济学的发展轨迹与演变［J］．国际经贸探索，2009（12）：28-31．

［127］严剑峰，刘韵琦．军民一体化的经济学基础及其实现途径［J］．军民两用技术与产品，2019（8）：14-20．

［128］严密．信息资源配置制度研究及激励机制分析［M］．南京：东南大学出版社，2011．

［129］杨尚东．国际一流企业科技创新体系的特征分析［J］．中国科技论坛，2014（2）：154-160．

［130］杨子江．科技资源内涵与外延探讨［J］．科技管理研究，2007（2）：213-216．

［131］杨晓琰，郭朝先，张雪琪．"十三五"民营企业发展回顾与"十四五"高质量发展对策［J］．经济与管理，2021（1）：20-29.

［132］叶金国．技术创新系统自组织论［M］．北京：中国社会科学出版社，2006.

［133］叶卫平．关于建立国防科技工业寓军于民新体制问题的初步认识［C］．北京：中国民用工业企业技术与产品参与国防建设研讨会论文集，2004（3）：83-88.

［134］游光荣．国防科技创新体系的地位与作用［J］．国防科技，2007（6）：44-45.

［135］游光荣．加快建设军民融合的国家创新体系［J］．科学学与科学技术管理，2005（11）：5-12.

［136］游光荣．坚持军民一体化，建设和完善寓军于民的国防科技创新体系［J］．中国软科学，2006（7）：68-79.

［137］曾国安．政府经济学［M］．武汉：湖北人民出版社，2002.

［138］曾小春，万迪昉．国防科技资源利用与西部城镇化建设［M］．北京：科学出版社，2009.

［139］张福东，姜威．马克思资源配置理论的逻辑蕴涵与当代价值［J］．东北师大学报（哲学社会科学版），2014（3）：73-76.

［140］张国，冯华．国外军民融合发展研究综述［J］．党政干部学刊，2018（4）：64-70.

［141］张慧军，刘洁，赵澄谋．浅析各大国的军民一体化之路［J］．现代军事，2005（7）：37-40.

［142］张建清，刘诺，范斐．无形技术外溢与区域自主创新：以桂林市为例的实证分析［J］．科研管理，2019（1）：42-51.

［143］张钦，周德群．国防科技工业创新型企业评价研究［M］．北京：科学出版社，2011.

［144］张薇，夏恩君．国防科技创新资源配置有效性研究［J］．商业现代化，2008（15）：26.

［145］张维迎．企业的企业家：契约理论［M］．上海：上海三联书

店，1996.

［146］张文鹏，张霞，付兴．高等院校融入国防科技创新体系的研究［J］．中国市场，2018(21)：173，181.

［147］张颖南，姜振寰．军工企业军民资源配置尺度与共享体系研究［J］．军事经济研究，2010(2)：27-30.

［148］张颖南，姜振寰．军工企业实行军民一体化模式的因素关系分析［J］．兵工学报，2009(S1)：25-30.

［149］张颖南．军工企业军民一体化的动因及形成机理研究［D］．哈尔滨：哈尔滨工业大学，2010.

［150］张勇，李海鹏，姚亚平．基于 DEA 的西部地区军民融合产业资源优化配置研究［J］．科技进步与对策，2014(7)：89-93.

［151］张宇．转型政治经济学［M］．北京：中华书局，2009.

［152］张志远，梁新，陈国卫．我国科技创新体系军民融合发展探析［J］．海军工程大学学报，2017(4)：47-51.

［153］赵澄谋，姬鹏宏，刘洁，等．世界典型国家推进军民融合的主要做法分析［J］．科学学与科学技术管理，2005(10)：26-31.

［154］赵富洋．我国国防科技工业军民结合创新体系研究［D］．哈尔滨：哈尔滨工程大学，2010.

［155］中共中央，国务院．关于深化科技体制改革加快国家创新体系建设的意见［EB/OL］．http：//www.most.gov.cn/kjzc/gjkjzc/gjkjzczh/201308/t2013 0823_108132.html.

［156］中共中央编译局．马克思恩格斯全集(第 25 卷)［M］．北京：人民出版社，1965.

［157］中共中央编译局．马克思恩格斯选集(第 2 版).第 2 卷［M］．北京：人民出版社，1995.

［158］中共中央编译局．马克思恩格斯选集(第 2 版).第 4 卷［M］．北京：人民出版社，1995.

［159］中共中央文献研究室．十八大以来重要文献选编［M］．北京：中央文献出版社，2017.

［160］中共中央文献研究室．习近平关于科技创新论述摘编［M］．北京：中央文献出版社，2016．

［161］中共中央文献研究室．习近平关于社会主义经济建设论述摘编［M］．北京：中央文献出版社，2017．

［162］中共中央宣传部．习近平总书记系列重要讲话读本［M］．学习出版社，2014．

［163］中联办财经研究院课题组．军民融合科技创新应坚持军用优先［J］．中国对外贸易，2019（10）：76−77．

［164］中央党校第54期总装分部班课题组．装备维修保障体系军民一体化建设若干问题研究［J］．装备指挥技术学院学报，2011（1）：6−9．

［165］钟荻，谭虹．国防工业转型与"军民一体化"［J］．军事经济学院学报，2004（11）：95−96．

［166］周成彦．产权制度对资源配置效率的影响［J］．上海商业，2005（1）：35−37．

［167］周德文．民营企业应成为稳增长中坚力量［N］．中华工商时报，2015−10−28（003）．

［168］周寄中．科技资源论［M］．西安：陕西人民教育出版社，1999．

［169］周丽群，陈超凡．以开放创新助力科技自立自强的路径选择［J］．广西社会科学，2021（8）：25−30．

［170］周绍森，胡德龙．保罗·罗默的新增长理论及其在分析中国经济增长因素中的应用［J］．南昌大学学报（人文社会科学版），2019（4）：71−81．

［171］朱庆林，等．中国裁军与国防资源配置研究［M］．北京：军事科学出版社，1999．

［172］朱昕晨．航天制造型企业军民一体化发展研究［D］．哈尔滨：哈尔滨工业大学，2016．

［173］邹丕盛．现代科学技术与军事［M］．北京：国防工业出版社，1998：1．

［174］邹世猛．中国特色"军民融合"式发展思想研究［J］．军事经济研究，2008（5）：7−10．

后　记

科学技术是第一生产力，更是现代战争的核心战斗力。在新一轮科技革命、产业革命和军事革命中，谁能够率先下好科技创新的先手棋，抢占科技创新的制高点，谁就能在未来国际竞争中获得优势，甚至立于不败之地。科技资源不仅是科技创新与装备现代化建设的物质基础，更是推动经济发展方式转变、经济结构调整和经济高质量发展的驱动力量来源。在一定技术条件下，资源总是有限的。因此，如何配置好、使用好有限的（军民）科技资源，是一个值得关注的重大理论和实践问题。推动（军民）科技资源一体化配置，能够最大限度地弱化科技资源有限性约束，破解传统的军民二元分割的樊篱，推进军队、军工和民口三大创新系统内不同创新主体、创新资源自由流动、自由组合和一体化配置，实现现代科学技术开放融合发展，构建一个开放融合发展的国家科技创新体系，使得国防建设与经济建设突破"大炮和黄油"之争的瓶颈，实现国防建设与经济建设的统筹兼顾与协调发展。

本书是笔者近二十年研究成果的集大成，其中一些研究成果得到了国家社会科学基金项目、国防预研项目及其他相关项目的支持。同时，本书在撰写过程中还得到了经济管理出版社各位编辑老师的悉心指导与大力支持，得到纪建强老师、刘璐老师以及我的学生黎琳的帮助与支持。在此，向为本书撰写给予帮助的同志、朋友、亲人致以崇高的敬意。

本书对现代科学技术开放融合发展、构建开放融合发展的国家科技创新体系，以及科技资源一体化配置不同创新主体的行为策略、配置效率进行了一定的分析，提出了推进科技资源一体化配置应该遵循的基本原则和需要采取的政策措施。本书仅是对科技资源一体化配置研究的初步探索和有益尝试，难免存在不足与疏漏之处，在此恳请各位读者及同行专家批评指正。

张远军

2023 年 4 月于湖南长沙